职场跃迁的40个基本

[日] 横山信弘——著
李钰婧————译

入社1年目からの
「絶対達成」入門

SB 北京时代华文书局

图书在版编目（CIP）数据

职场跃迁的 40 个基本 /（日）横山信弘著；李钰婧译 . — 北京：北京时代华文书局，2023.3

ISBN 978-7-5699-4704-5

Ⅰ．①职… Ⅱ．①横…②李… Ⅲ．①成功心理－通俗读物 Ⅳ．① B848.4-49

中国版本图书馆 CIP 数据核字（2022）第 180119 号

Nyusya 1 nenme karano Zettaitassei Nyumon by Nobuhiro Yokoyama
Copyright © Nobuhiro Yokoyama（Attax consulting Group）2017
All rights reserved
Original Japanese edition published by ASA Publishing Co.,Ltd.
Chinese (in simplified character only) translation copyright © 2023 by Beijing Time-Chinese Publishing House Co., Ltd
Chinese (in simplified characters only) translation rights arranged with ASA Publishing Co.,Ltd. through Digital Catapult Inc., Tokyo.

北京市版权局著作权合同登记号　图字：01-2020-4284

拼音书名 | ZHICHANG YUEQIAN DE 40 GE JIBEN

出　版　人 | 陈　涛
策划编辑 | 周　磊
责任编辑 | 张正萌
责任校对 | 张彦翔
装帧设计 | 孙丽莉　迟　稳
责任印制 | 訾　敬

出版发行 | 北京时代华文书局 http://www.bjsdsj.com.cn
　　　　　北京市东城区安定门外大街 138 号皇城国际大厦 A 座 8 层
　　　　　邮编：100011　电话：010-64263661　64261528

印　　　刷 | 三河市兴博印务有限公司　0316-5166530
　　　　　（如发现印装质量问题，请与印刷厂联系调换）

开　　　本 | 880 mm×1230 mm　1/32　　印　张 | 6.25　字　数 | 121 千字
版　　　次 | 2023 年 3 月第 1 版　　　　印　次 | 2023 年 3 月第 1 次印刷
成品尺寸 | 145 mm×210 mm
定　　　价 | 42.00 元

版权所有，侵权必究

序言

为了"一辈子都能自力更生",
制定自己"理所应当的标准"很重要

"在哪里工作都能得心应手""一辈子都能自力更生",这两种能力与我们自己"理所应当的标准"密不可分。本书就如何获得这样的能力进行了阐述。

我常年在企业中担任咨询顾问,指导别人改进工作执行术,从而百分之百完成工作目标。在本书正文中也会写到,对企业职员进行培训时,我会像考官一样严格。

我不会一味拣好听的说,也不会重视对方的自主性。
同时,我也不会教什么天花乱坠的诀窍,只会明确地指导对方彻底执行自己的任务,并借助各种工具和方法去完成目标。
另外,对那些在实现目标时并不必要的事情,我会告诉对方坚决不要去做。

本书总结了我在每天的咨询业务中"特别希望职场人士明白"的事情。

所谓"特别希望职场人士明白"的事情，换言之，其实就是"百分之百实现工作目标所必需的最基础的知识"。

＊＊＊

现在，世界正在发生着巨大的变化。

我现在使用人工智能语音（解释并学习人类的自然语言，具有与人类对话功能的程序）来减少商务工作中的沟通压力，也用它参与解决方案的开发。

这样的解决方案产生之后，即使是不太会说话的人或是外语掌握不太熟练的人，也可以在工作中轻松与人沟通。

另外，据说连税务师和会计师的工作也受到了 AI 的影响。这两种职业考试都以难度超大而闻名，但随着 AI 的发展，税务师和

序 言
为了"一辈子都能自力更生",制定自己"理所应当的标准"很重要

会计师的工作岗位在未来也将减少近一半。

还有那些被认为是"铁饭碗"的职业,也正在被 AI 和高端机器人技术逐渐取代。

"什么样的附加价值是只有人类才能提供的?"在职场中,寻找这个问题的答案确实迫在眉睫,而我们需要以服务于实际为目标对其进行研究。

也就是说,之前适用于职场的那些"理所应当",现在已经不再适用了。

在这个时代,仅仅依靠掌握办公软件和编程技术,你能纵横职场多少年呢?即使擅长外语和簿记,当面对翻译机器人和高性能会计软件时,也迟早无法与之抗衡。

无论谁做都一样的重复性工作,不管需要多么高层次的知识和经验,随着技术的发展都是可以被取代的。

很多在 10 年前被认为是"理所应当"的事情,现在已经不再是"理所应当"的了。并且,无论过去还是现在,都有很多在当时是"理所应当"的事情。

那么在今后的时代，什么是理所应当的，什么不是理所应当的呢？在这里，我希望你能制定出你自己的"理所应当的标准"。

＊＊＊

无论是以前还是现在，无论老员工们拥有多么丰富的经验，甚至已经担任管理职务，他们都不具备职场新人身上的两个优点。

那就是"干劲"和"坦率"。

绝不要轻视这两个无可替代的优点。

也许你会感到意外，但这并不是我自己的论断。若去问其他管理者，即便问100个，估计他们的回答也都会是"确实如此"。

因此，我希望你不要丢失这两个优点，并且要继续成长。

只要你保持刚入职场时的"干劲"和"坦率"，提高自己"理所应当的标准"，谁能忽视你的存在呢？

到那时，越是优秀的管理者，就越想和你共事，也会有很多优秀的客户一直信任你、追随你。

序　言
为了"一辈子都能自力更生",制定自己"理所应当的标准"很重要

下面的例子就能说明问题：

有一次，我在自己的交流研讨会上认识了一位女性参会者。

平时，参加交流研讨会的基本都是管理者或业务骨干，以男性居多。

这位女性就坐在他们当中，看起来有些未经世故，我甚至以为她还是个学生。

聊天时一问我才知道，她是一名试用期员工，为了成为正式员工，正在下功夫努力提升自己。

"因为没什么钱，所以只能参加收费较少的交流研讨会，但我今后也会继续来参加的！"她坚定地看着我说。

那些来参加研讨会的四五十岁的业务员普遍认为"参加研讨会的费用应该由公司支付"。在他们之中，这位女性显得闪闪发光。

后来，她也一直参加我的研讨会，并且每次都给我汇报近况。

"横山先生，我成为正式员工了。"

"我正在努力做销售工作！"

"我连续两年完成了目标！"

她保持着在试用期就有的"干劲"和"坦率",同时不断自我钻研、掌握技能,于是自身的努力全都转化成了实力。

最终,她的实力得到了公司内外的一致认可,后来被挖到一家咨询公司工作。

当你像她一样,在保持住自身"干劲"和"坦率"这两大优势的同时,又应该掌握哪些技能,才能提高自己"理所应当的标准",实现在职场的跃迁呢?

这就是我想通过这本书告诉你的东西。

在工作上遇到难以抉择的情况时,我希望你能随时拿起这本书参考。

* * *

作为咨询顾问,为了提高你的"理所应当的标准",关于"应该参考些什么""如何收集和区分参考因素"等问题,特别是关于书的阅读方法等,我在这本书中进行了直截了当的阐述。

就像前文所写的,本书从"最基础"的职场知识中挑选出了"供

序　言
为了"一辈子都能自力更生",制定自己"理所应当的标准"很重要

参考"的内容。

如今是个信息如洪水般涌来的时代,这与过去大不相同。在很多时候,人们会无法判断什么信息是正确的、什么是错误的。

正因如此,我才希望能够从"逻辑"层面帮助人们做出判断。并且,我希望你的"理所应当的标准"能保持在高水平上,这样才能使你的逻辑更加顺畅。

目 录

第一章
独立判断差异

01	对自己的判断负责	3
02	你能否在一秒钟之内判断出"这很正常"？	6
03	要注意的"语言的使用方法"	11
04	决定你的"市场价值"的是什么？	17
05	积累各种各样的经验	21
06	最好的入口是"读书"	25
07	要警惕"梦想杀手"	35
08	要有开阔的视野	37

第二章
职场基本技能

09	"干劲"是出色的能力	43
10	实力 = 实际业绩 × 能力	45
11	今后时代中必需的两大能力	49
12	站在对方的立场上考虑问题	53
13	要做到"太拼了吧？！"的程度	60
14	掌握工作的估算能力	63
15	不擅长说话也没关系	66
16	"定速"是职场人的基本能力	69
17	对任何工作都要"废话不多说，先全力去做"	72
18	不被器重也没关系，只要别被抱怨	75
19	挨骂是在所难免的，但如何挨骂取决于自己	77
20	把主导权掌握在自己手里	81
21	交往的不同人群占比为"2∶3∶5"	85

第三章
职场跃迁法则

22	目标是成为"矿泉水"	93
23	"迎合力"是成熟的表现	100
24	不要"一致的步调",而要"配合的步调"	104
25	不要"烦恼",而要"思考"	108
26	要培养"脑力"	113
27	在"口号管理"中加入"数字"	116
28	设定"目标关卡"和"达成关卡"	119
29	改变语言,思考方式也会随之改变	124
30	使工作"切实可行"的方法	128
31	锻炼观察能力就能判断出差异	134
32	不要掉进"一般化"的陷阱	138
33	不要觉得"不过是仪表而已"	142

第四章
为了无悔于人生

34 要明确区分"发生型目标"和"设定型目标" 149

35 工作的"习惯"占八成,"冒险"占两成 152

36 保持"谦虚"是不会出错的 155

37 九成纠纷是由"歪曲"和"省略"造成的 158

38 在职场中如何保护自己 161

39 在跳槽之前应该先考虑的问题 166

40 "登峰而上"和"顺流而下"的职业 170

结语 "为了别人"就是"为了自己" 175

第一章

独立判断差异

01　对自己的判断负责

1993年，我曾参加日本政府派出的国际交流组织——青年海外协力队，赴中美洲的危地马拉工作了3年。

那时互联网还未普及，有关危地马拉的信息只能通过日本外务省的资料获得。

因为对当地情况不了解，所以家人和朋友听说我要去那里后都非常不安。

"横山，你要去战乱地区吗？"

"听说那里疟疾横行，你还能活着回来吗？"

虽然现在想起来会觉得难以置信，但当时确实经常有人跟我这么说。

其实，危地马拉既不是战乱地区，也没有疟疾肆虐。

我并没有为那些话所动摇。

但我也没有仔细进行调查，总想着"船到桥头自然直，去了再说吧"。于是我只是按照培训通知做了些准备，就飞往危地马拉了。

正因如此，当我到达之后，才发现那里有很多我搞不懂的事情。

在危地马拉生活，什么事情是"理所应当"的？作为一名青年海外协力队员在当地进行活动，又有哪些事情是"理所应当"的？

我事先并未思考过这些问题，只是带着自己想当然的"理所应当"的想法奔赴国外，结果在当地遇到了很多困难。

虽然可以维持生活，但是从语言、文化到工作方式，都必须靠自己去慢慢学习。

那时的我，正是应了那句"井底之蛙，不知大海"。

那么，刚刚步入职场的你呢？

我想，那时的你应该和当初参加青年海外协力队的我一样，正怀着一腔纯粹的热血和饱满的干劲吧。

但是，我猜周围会有人曾和你说过这样的话：

"你要是进了'黑企'怎么办？"

第一章
独立判断差异

"要是遇见整天把指标挂在嘴边，总是滥用职权的上司，你就赶紧辞职吧！"

那些你认为是"理所应当"的事、那些在职场里被看作是"理所应当"的事，还有那些在社会上一般被认为是"理所应当"的事，如果这三者之间出现差异，你的判断就会出现很大的偏差。

当今时代，很难说最值得依赖的、最值得相信的信息来源是什么。而在这样的环境中不可或缺的，就是对自己的判断负责的"处事依据"。

本书将这种处事依据称为"理所应当的标准"。

我们不能成为"井底之蛙"。

当需要判断什么值得参考、什么不值得参考时，请不要依赖别人，而是要努力靠自己"独立判断差异"。

02　你能否在一秒钟之内判断出"这很正常"?

正如在"序言"中所述,我曾在很长一段时间内作为一名咨询顾问征战职场,每天面对那些一定要完成的工作指标。

每当帮助客户进行机构改革等工作时,我都会深切体会到,有太多人在做判断时是没有经过深思熟虑的,结果徒增烦恼和压力。

并且遗憾的是,这些人不只包括刚刚步入职场的人,也包括那些已经在职场上摸爬滚打了很久的人。

因此我认为,如果职场人士把"理所应当的标准"再提高一些,就不会有那么多的烦恼和压力了。

那么,"理所应当的标准"究竟是什么呢?

所谓"理所应当的标准",简单地说,就是借以判断出"这很正常"的标准,是一种不经思考、自然地认为"这很正常"的感觉。

因为这是下意识做判断的标准,所以即使你重新审视自己现

第一章
独立判断差异

在的"理所应当的标准",可能也很难理解这个概念。

因此,为了能简单地理解"理所应当的标准"的含义,这里我通过具体的例子进行说明。

假设你晚上睡觉前有刷牙的习惯。

于是,睡觉前刷牙就会成为你理所应当去做的事,而不是刻意去做的事。不刷牙就睡觉的话你会觉得不舒服,所以在睡觉前一定会刷牙。

如果这时候你妈妈对你说:"睡觉之前要刷牙。记住了吗?"

那么你应该会觉得:"这还用说?"

为什么呢?因为你有睡觉前刷牙的习惯,所以会想"就算你不说我也会刷牙啊,这是理所应当的"。

如果你妈妈继续和你说:"你记住了吗?睡觉前一定要刷牙,不好好刷牙的话就会长蛀牙。"

那么你一定会想顶回去:"你在说什么啊?我每天睡觉前都

刷牙。"

但如果你妈妈还是固执地接着说："A 先生的孩子每天都不刷牙，所以经常去看牙医。你要是不好好刷牙，以后也会是那样！"

那么你一定会想大声反驳说："有完没完？！我不是每天都在刷牙吗？还用得着别人告诉我吗？"

就像刷牙一样，你把下意识做出的判断当作"普通""正常"的事，这就是你自己"理所应当的标准"。

对一个抑郁症患者说"要加油啊"是绝对不可以的，这是一个常识，是理所应当的事情。而另一方面，一个人在可以承受压力的时候却不去承受，那么他的抗压能力上不去也是理所应当的。

而在我的工作中，完成全年的预期目标是理所应当的。

"横山，你是完成职场目标的顾问，那你自己的职场目标也已经达成了吧？"

被别人这么问的时候，我就会笑着说："当然了。"

要是对方接着问我："这一期的目标你也一定能完成吧？"

第一章
独立判断差异

那么我就会觉得不爽,因为对我来说这是理所应当的事情。

"当然了,我的公司不会允许目标没完成就半途而废。"

这样的问题无论被问多少次,我都能不假思索地在一秒钟之内回答出来。

因为那是"理所应当"的。

也就是说,所谓"理所应当的标准",就是像这样,在你被别人问过好几次同样的问题之后,会觉得不耐烦、生气的事情。

要是有人问你:"你真的能完成这个目标吗?"

你却回答"嗯……"之类含混不清的话,被问的这件事就不会成为你的"理所应当"。

如果你心里会像这样产生波动,那就说明在这件事上,你的"理所应当的标准"还处于很低的水平。

但是,不管是工作还是其他事情,要想确定自己的标准,就必须掌握帮助你确定标准的信息。

只有一两条信息还不够,只有掌握大量的信息,你的判断标准才能得到检验。

而且实际上,在你的周围只有两种信息,就是"可以参考"的信息和"不可以参考"的信息。

为了掌握正确的"理所应当的标准",希望你能尽可能多地掌握那些"可以参考的信息",即"参考因素"。

本书介绍了大量"参考因素"的收集方法,从而帮助你提高"理所应当的标准"。

这个标准会成为你新的"处事依据",帮助你更好地适应职场生活。

03　要注意的"语言的使用方法"

前文中说过,我是一个工作在企业第一线,对完成工作目标提供指导的咨询顾问。

因此,就像那些以指导学生通过高难度资格考试为目标的教师一样,我秉持同样的态度去指导客户企业的员工。

教师的最终任务是帮助学生通过资格考试。同样,我的最终任务就是帮助客户企业完成他们的目标。因此,我会以严厉的态度去要求对方。

我会帮他们制订相应的计划,教他们有助于完成目标的技巧,严格要求他们完成那些"应该做的事"。

在这个过程中,我不会在意他们本人的主动性。

"主动性"这个词,在职场中经常被使用。

但是在我看来,这个词容易产生引导性,需要谨慎使用。后文中说到的"做事价值""被迫感""工作价值"等词语也是如此。

大脑的思考模式，是基于自身体验的"碰撞 × 次数"而产生的。

而掌管这个思考模式的就是你使用的语言。**因此在语言的使用方面，你需要经过深思熟虑。**

如果你不知道语言本身的意思就胡乱使用，简单的思路就会变得混乱，从而生出莫名其妙的偏见。

这样一来，你的"理所应当的标准"就会降低。

近年来由于媒体和网络的影响，"黑企""职场暴力"等词语被广泛使用。

从"黑企""职场暴力"等词语派生出来的新词也随处可见，例如"黑上司""道德绑架""生育歧视"等。

但是，也有一些人明明没有劳务常识，却随意使用这些词语，并且胡乱维权。

"要求我们早点去上班，如果不给相应的加班费，我才不愿意。这是个'黑企'！"

"上司发来的短信没有人情味儿。他一说'你做这些是应该的'，我就特别生气。这是道德绑架！"

第一章
独立判断差异

这种想法和语言的用法,在社会共识中究竟是不是"理所应当"的呢?你要想判断在什么样的情况下应该使用什么样的词语,就必须掌握正确的知识。

要是你被这些词语影响过多,到头来,你反而会被称为"怪人"。

要想成为一个无论在哪里工作都能得心应手的人,就不要盲目相信媒体、网络和身边的人们所说的话,而必须自己掌握正确的知识。

若你对新造词反应过度,那只能说你比较"幼稚",会让别人觉得你"没有常识"。

另外,需要费工夫去解释的"新词",也最好不要使用。

近年来,"主动性""被迫感""工作价值"等词也在职场被广泛使用,但是有很多人误解了它们的含义。

就连很多经常使用这些词的职场中高层管理者也不知道它们的正确意思,于是从误解中又产生新的误解,并成为阻碍有潜力的员工成长的重要因素。

例如,上文说到的"主动性"一词,是指实现那些基于自己意愿制定的"设定型目标"的心理。这种心理在实现那些必须去做的"发生型目标"时是不需要的(关于"设定型目标"和"发生型目标"会在后文进行解说)。

如果有人在咨询中对我说:"我入职已经一个月了,可是工作主动性总是不太强,所以无法投入到上司吩咐的工作中去。"

那么我会回答他"这是当然的"。

"上司吩咐的工作是发生型目标,完成它是应该的。这样的工作和'主动性'什么的没有关系。你的词语用法是错误的,所以必然无法投入进去。"

"被迫感"一词也一样。

所谓"被迫感",是说有些事你本来可以不做,或者你根本不想做。如果别人跟你说"做这些是应该的",那么你就会产生厌恶感。这种厌恶感就是"被迫感"。

在别人吩咐你做那些"理所应当"的事情时,你有这种感受

第一章
独立判断差异

是不应该的。

"工作价值"是一种只有你对自己和身边的人(家人、同事、客户等)以及公司做出贡献才会体会到的情感。

只是做自己喜欢的工作,是不会有这种感觉的。

要知道,自己和身边的人、公司的成长,都是让人感受到"工作价值"的重要因素。

如果我在咨询中被对方问道:"我都入职3个月了,仍然感觉不到什么工作价值,选择这个公司到底对不对呢?"

那我也会回答说:"这是当然的。"

还有类似的回答的例子:"你想为资格考试专心备战一年,现在才刚刚开始,你就要去寻求什么'做事价值'。要是经常说这些词,你当然会陷入迷惑中去。"

原本,"做这件事有价值",指的就是这件事"有价值""值得做"的意思。但某项工作有价值,或者说值得做,并不是凭个人感觉来决定的。

"最近总觉得，感受不到现在的工作的价值。"

说这话的人，其实是在说："最近总觉得现在的工作好烦。"

那么可以说，他们"理所应当的标准"正在下降。

如果语言的使用方式不恰当，就会给你的思考模式带来不好的影响，你的"干劲"也会下降，"坦率"的品质也会消失。

为了好好地保持住在"序言"中写到的职场新人的这两大优点，请准确理解词语最纯粹的含义，然后再使用它们。

04　决定你的"市场价值"的是什么？

你的"理所应当的标准"就是你的市场价值。

"对这个人,给出这样的评价就可以了。"
"给这个人介绍这样的公司也就可以了。"

公司内部的评价、跳槽时写的简历等,会成为很多人评价你的参考依据。

而你这么多年一直秉持的"这是正常的(理所应当的)"判断标准,决定了你自身的价值。

你的市场价值(理所应当的标准)受优质参考因素的影响越多,就越会得到提高。

好的参考因素不仅仅是知识,实际的经验往往更具有参考价值,我称之为"参考体验"。

这个体验顺利也好，不顺利也好，都没有关系。

因为这可以帮你增加参考因素，所以即使没有达到预期的结果也没关系。多去挑战一下各种各样的事情，亲身去体验吧。

那么，在哪里能够得到这些"参考因素"呢？

可以想一想以下三个情景。

①获得新知识后；

↓

②获得新体验后；

↓

③达成新目标后。

通过学习新知识，确实能增加参考因素。

而使用那些知识去实践（进行参考体验）之后，就能得到更多的参考因素。

"本想试着做一下，没想到会这么难。"

"原来自己比想象中还要能干啊。"

通过这些体验,你会增加很多以前没有的、意料之外的参考因素。

反复去实践,在完成很大的目标之前,你甚至可以得到足以改变思考模式的参考因素。

"这是上司吩咐我做的事情,虽然我很不愿意做,但没想到自己竟然能够完成。这次的经历对我今后的人生也有很重要的参考价值。"

这时,你就会想:"是这样啊,原来我可以啊。"

伴随着切身的实际体验,这件事也会成为你拓展自己潜力的契机。而你大部分的参考因素都是像这样,伴随着"是这样啊"的喃喃自语,在反思、总结中获得的。

与之相对,如果你明明努力做了,却只得到几句不冷不热的话,或者你想表现积极的态度,却被批评了,那你应该会很生气。

如果让焦躁的情绪累积,有时人们就会做出冲动的言行。

而这时可以缓解情绪的话就是:"原来如此啊。"

步入职场后,面对不讲理的事情、不诚实的事情,你可能经常会感到困惑。

这时为了保持冷静,你可以对自己说"原来如此啊"。而这些体验对你也是重要的参考因素。

刚步入职场的时候,你说"是这样啊"的时候大概占50%,说"原来如此啊"的时候也同样占50%左右。但是随着参考因素的增加,你说"原来如此啊"的比例会明显减少。

即使面对不如人意的结果,你也会想:"原来如此啊。不过,本就应该是这样吧。"

步入职场后,你会经常感到迷惑吧?

但是,若想在高度信息化的时代笑到最后,只要你多多增加参考因素,提高自己"理所应当的标准",就没有什么可怕的了。

05　积累各种各样的经验

如果每天重复同样的事情,你的思考模式就会僵化。

这样一来就会失去灵活性,所以我为了获得"参考体验",有时会故意做一些与平时不同的事。

比如,我去各地出差时都会住在酒店里。

住过各种酒店后,我的参考因素也会增加,就可以得出以下参考结论:

"这个酒店这么贵,服务却不尽如人意。我已经在这里住过3次了,今后不会再住了。"

"偶然在网上发现了这家酒店,住了一次感觉非常好。虽然位置不太好,但早餐很棒。"

我对平时吃午饭的地方、下班后去喝酒的居酒屋也是如此。

尝试过各种各样的店之后,我就能判断出各家店的优点和缺点了。

　　而在工作中，你也可以试着比平时早一小时到公司；上司问进度时，你能立刻拿出完成的报告，而不是总是在最后期限才提交；在平时不爱发言的会议上，也试着举手发表一下意见；等等。我建议你不要把这些事想得太复杂，先抱着玩的心态去尝试一下。

　　特别是，积极的体验会让你获得意想不到的发现，于是你总结出"原来如此"的时候也会越来越多。

　　但是即使你积极地去做，也有可能会出现期待落空的结果。

　　比如早早到了公司，却被上司委派了职责之外的工作等。在这种情况下，你可以嘟囔一句"是这样啊"来宽慰自己。

　　做一件没做过的事时，你要把自己所有的知识和体验作为参考因素。

　　因此，一开始要先不拘一格地增加参考体验，总之要追求"量"。没有"量"的话，进行比较研究的样本数量就会不够。随着经验的积累，边思考边进行取舍就好了。

"这种情况,跟上司这么说就可以了。那种情况,少说话比较好。但是……"

"一定要记住,无论什么时候,这样跟上司说一定行不通。"

从积累的参考因素中,只留下对自己真正有参考价值的东西。从很多样本中,按照自己的标准选出代表样本。

通过反复比较,你就能理解哪种参考因素更加"优质"了。

另外,对人、组织等公司内固有的事物,积极与其进行交流是很重要的。

通过与他们接触,你可以获知对方的反应,这些反应也会成为你的"样本"。

这些样本也可以作为参考。总之,你要多去和各种各样的人交流。

这样一来,你每天自我总结"原来如此"的次数就会增加。

你可以向对方具体提出"想问一下有关××的事",不过在大多数情况下,通过一些琐碎平常的对话,你就可以判断出人和组织所具有的独特价值观和判断标准。

"原来如此……关于公司内部的评价问题，财务部主任比人事部主任知道得更加详细啊。"

"很多人都说，总务部主任天天要大家整理内务很烦人。原来如此……他之所以对我这么严格，也许是因为我的办公桌总是乱糟糟的。"

就像这样去和他们积极地交流吧，不要犹豫。

06　最好的入口是"读书"

如上文所述,为了了解职场的"理所应当的标准",在公司内部和别人经常交流是很重要的。

不仅是和自己部门的人,也要和其他部门的人、其他年龄段的人进行交流,这样可以获得更多参考因素。

此外,有时公司内的"理所应当",在社会上却不会被认为是"理所应当"。

和其他公司的人员进行交流,可以帮助你理解其中的差异,也可以为你提供参考。

因为如果只和周边的人接触,你就会变成"井底之蛙",所以也应该积极尝试和公司外的人交流。

但是请注意,要尽量与那些"理所应当的标准"高的人接触。

如果经常和一个人在一起,你的思考模式也会变得和他相似。

因此,多和自己的榜样在一起是非常重要的。

设定一个较高的目标,加入那些致力于自我提升的人常参加的交流会和团体当中。

话是这么说,在很多情况下却很难做到。这时,为了提高自己"理所应当的标准",你能走的最便捷的途径就是"读书"。

因为书的价格便宜,通过读书同样可以高效率地获得参考因素。

如果你需要下决心才会去买一本 1 500 日元(1 人民币 ≈ 20 日元)左右的商务书,那就要调整一下你"理所应当的标准",把它变成:"1 500 日元,太便宜了吧!买书花点钱不是很正常的吗?"

书是获得参考因素的重要"入口",所以不能堵住这个入口。

或许有人会认为,比起读书,从网上收集各种参考因素会更加简单有效。

但实际上并非如此。

以书为例,在书店这个有限的空间里,由专业人士撰写的各种书籍一字排开,如果只从中选一本,人们往往会犹豫不决。**但若是选 5 ~ 10 本相同主题的书,就会变得非常简单。**

因为这就好比一个鱼塘,里面游的都是鲜美的鱼,你只要从中捞出 5 ~ 10 条即可。

而在网络这个无限的世界里，面对无数的参考因素，你并不知道它是外行写的还是内行写的。

并且，因为不能看到材料的全部内容，所以很难找到你想要的信息。这就像在深不见底的大海上垂钓一样。

如果你是钓鱼高手（这里指网络搜索高手），是有可能找到自己想要的参考因素的，但这并不容易。因为你想钓到的鱼可能根本不在那片海里。

因此，先从读书开始吧，无论怎样去"尽可能多地收集信息"，对信息来源的选择都是很重要的。

如下文所示，从可以作为参考的信息媒体开始，一点点降低"参考程度"，这样可能会更容易理解。

①向专家支付费用进行咨询；
②听专家的研讨会；
③阅读专家写的书；
④阅读专家写的网络文章。

其中最重要的是，要明白谁是这个领域中的"专家"。

如果不知道这个前提，你就不能选择①，即"向专家支付费用进行咨询"。

虽说在网上查阅也可以，但如果是像"时间管理"那样专业性不太强的题目，因为很多人都会写，所以有时你会不知道谁是真正的专家。

你可以去大型书店，看一下陈列在书架上的书。

那里只摆放专家写的东西，所以能够轻松获知相关信息。

通过反复进行"水平阅读"（方法见下文），你可以接触到很多专家撰写的内容，也有可能遇到你最心仪的作者。

如果想获得更加优质的参考因素，可以在网络上搜索该作者的信息，或者读读他写的其他书。如果网络上刊登着相关文章，就去看一看，参加一下他的研讨会，或直接去向他进行咨询，这些都是不错的方法。

总之，最好的"入口"是读书。

当你决定了想获得参考的主题,就需要进行"水平阅读"。

所谓"水平阅读",是将相同主题的书罗列 5~10 本,只抽出主题部分来读的读书方法。

比如你想了解"时间管理"的方法,那么可以参考"时间管理术""时间管理""日程管理""提高工作效率"等书。

但你不一定要把书从头到尾都看一遍(如果想从头到尾看完的话,可以等水平阅读结束后再看)。

在"水平阅读"的过程中,**先要看的是书的"目录"。**

先从头到尾浏览"目录",找到相关内容。

挑选出符合主题的内容,并连同其前后 10 ~ 20 页的内容一起阅读(即使可能是无用功)。

这时,对于有参考价值的文章,你可以拿笔画出来,或者贴上标签着重标出。

既然是已经出版的书,在内容方面应该不会有明显的错误。

因此我建议大家在感悟"原来如此"的同时,多用笔标出对你有所启发的内容。

如上所述，参考因素的关键在于"量"的积累，所以作为参考的阅读书目也不能是两三本便了事。为了获得信息的平均值，你最少要读 5 本书。如果可以，最好能读 10 本相同主题的书。

如果读了 10 本书，我想大概会是这样的结果：

・有 5 本书写着共通的想法和技巧；
・有 3 本书写着不同的思考方法和技巧；
・有 2 本书比较遗憾，对你来说并没有什么参考价值；
……………

掌握大量的参考因素后，便可以对这些因素进行抽象概括。

"读了这么多书，我已经明白了。为了提高工作效率，时间管理术固然重要，但思想意识更重要。重点有以下 3 点……"，等等。

即使知道是同样内容的书，也要去大量阅读，因为"量"很重要。当你读了一两本之后，你会感叹道"原来如此，还有这种方法啊"，但这时只是"感觉自己明白了"而已。

比如第 1 本书上写着：

"管理时间，最重要的是从活动记录开始。"

第一章
独立判断差异

你就会想:"是吗,是从活动记录开始吗?"

如果第 2 本书也表示:

"为了提高业务效率,要把时间的使用方法清晰地记录下来,因此培养一下写活动记录的习惯吧!"

你就会觉得:"果然是这样啊。活动记录是最重要的吗?"

到这时,你可能会认为"这些已经足够了",但你还需要继续读其他的书。

如果第 3 本书上写着:

"对于在时间管理中非常重要的活动记录,把它写在笔记本上是最好的。至于应该在什么样的笔记本上记录……"

你就会想:"又是活动记录吗?"

于是渐渐地,你就不会再感叹"原来如此"了。

要是第 4 本也写着:

"智能手机的时间管理软件,能准确地记录时间的使用方法,很方便。活动记录积累下来后,你的时间使用方法就会出现变化。"

你就会觉得:"我知道了,不就是记录下自己的活动嘛。为了高效工作,记录下自己的活动,使自己的时间使用方法一目了然,然后优化一下就好了。"

甚至在第 5 本书上也写着:
"不知不觉就会拖延进程、有拖延症的人,请下决心尝试记录一下自己的活动吧。"

你就一定会想:"明白了。要想高效率地工作,记录自己的活动是'理所应当'的。"

为了改变大脑的思考模式,"冲击×次数"很重要,这一点在前文中已经写过了。

但是现实中往往没有那么多可以给你强烈冲击的体验,所以你需要有意识地增加次数。

不管是 4 本书还是 5 本书,如果写的都是同样的东西,那么这些参考因素一定会存储在大脑的短期记忆之中。

这些留存下来的记忆,在有事情发生的时候,你就能够马上回想起来。

只有这样,你才能"领会"到优质的参考因素。

另外,关于"水平阅读"时的书籍选择,可以避开那些短时间内大热的畅销书。

畅销书之所以畅销,是因为商业价值高。但是在水平阅读的价值判断上,畅销也好不畅销也罢,都没有什么关系。

反而那些越是没有"新意""平平无奇"的商业书,越值得参考,但这样的书却不怎么畅销。

如果"水平阅读"提高了你"理所应当的标准",那么接下来就试试"垂直阅读"吧。

所谓"垂直阅读",是指连续阅读同一作者的书——不管这些书是什么主题——从而获得该作者的思考模式的读书方法。

同一作者的书,在读了两三本之后,你应该会发现其中的内容有很多相似的地方。

但是,为了理解作者的思考模式,这并不要紧。

例如,松下幸之助、稻盛和夫、戴尔·卡耐基、彼得·德鲁克的书,无论在哪个书店都会销售,这些要经常读一读。

在前文的"水平阅读"中,本书写到不需要选畅销书作家的书。

但是"垂直阅读"的情况正好相反,要专门选择那些世界名人、畅销作者的书。

这时也是一样,至少连续读 5 本。不要穿插阅读其他作者的书,而是要沉浸在同一作者的书中,专心、深入地阅读。

这时,享受阅读并不是目的,目的是理解作者的思考模式。因此,不管你喜欢还是讨厌这种读法,先试试吧。

另外,还有一点和"水平阅读"不同,"垂直阅读"的时候并不需要太在意书的主题,要不管三七二十一,像冲凉一样去阅读。

也就是说,你不能只挑选自己感兴趣的章节阅读。

而是要从头到尾细细品读,多读几遍,去领悟其中的内涵。

另外,我不推荐读那些系统性总结经验的书,而是推荐故事、传记类的书。如果是讲述该书作者的生活故事,那就更好了。

看一看作者在什么样的情境中产生了什么样的意识,他又是如何决策的。

追溯作者的心路历程,你的思考模式也会出现变化。

07　要警惕"梦想杀手"

古往今来,打动人心的作品中有很多是"成长故事"。

它们写的往往是不起眼的主人公直面困难,为了重要的人去奋斗,并且最后获得了成长的故事。

有些颓废、厌世的作品,以及主人公落魄潦倒的作品也成为了名作,但能给无数人带来积极向上的心情的作品,可以说大部分都是成长故事。

为什么成长故事会如此打动人心呢?

理由很简单。

因为主人公的状态展示着**"成长的真实感"**这种根本性的喜悦。人们会将克服了困难、获得了巨大进步的主人公,和自己重叠到一起。

职场人士要想保持最初的干劲,明确"自己人生的主人公就是自己"是很重要的。

因此，看看那些所谓的大众小说和大众电影，在心中保留一两个"能引起共鸣的主人公"也挺好。

积极地和公司以外的人交流，并非自我投资的唯一途径。

步入职场后，你会遇见各种各样的"梦想杀手"。

他们经常会对你说"定目标什么的根本没有意义""看清现实吧"之类的话。而且"梦想杀手"会摆出一副很懂的样子来劝诫你，对于单纯的人来说，很容易觉得他们"看上去很厉害的样子"。

"阅读纯粹的成长故事时，不知不觉就会流泪。"如果你的这种感觉变淡了，最好留意一下自己是不是哪里出了问题。

也许在"梦想杀手"的影响下，你自己也已经开始"斜视"这个世界了。这是你失去"率真"，思考方式开始扭曲的表现。

为了那个常常因"成长的真实感"而欣喜的自己，为了"还能继续成长的自己"，保留一些成为你心灵依托的作品吧。

我想，在充斥着各种杂音的世间，时常用十分纯粹的成长故事来洗涤心灵，也是一种不错的习惯。

08　要有开阔的视野

为了提高"理所应当的标准",平时接触的参考因素的水平也必须提高。

学生时代的广阔视野,到了职场上,有时会一下子变得很狭窄。

明明身处大海中,步入职场后,反而像掉进井里一样,有一种"井底之蛙,不知大海"的感觉。

为了不让自己变成那样,你要有"鸟的眼睛",就是能够从高处俯瞰全局的眼睛。

不是昆虫,不是青蛙,而是鸟。

因此,你的眼里不能只看到相同的地形。

总是看"山"的话,你的思维就会变窄,觉得这个世界里只有"山"。

但是,若再去看看"河"、看看"街"、看看"海",你就会发现这个世界很宽广。

并且随着时间的流逝，事物的呈现方式也会发生变化。

到了晚上，"街"中亮起了灯火；随着季节的变化，"山"会被装点上不同的颜色。

为了开阔视野，不要只参考公司上司或前辈说的话。轻信网上散布的消息也是要不得的。

不要只参考那些能够快速获得的信息，也要参考花费的时间成本和金钱成本。

也就是说，花费一些成本去获得参考因素，这件事本身就很有意义。

请你记住这一点。

"不懂的事情去问相熟的朋友就好，或者在手机上搜索就行了。我的朋友们都是这样做的。"

"特别善于读书的人据说一天能读 5 本书，一年能读 1 000 本书，这我可做不到。如果有什么不明白的，我会买至少 5 本相关主题的书来阅读。"

有这两种想法的人，其各自的"理所应当的标准"有着很大的差异。因其周围作为参考对象的人是不同的，所以"理所应当的标准"也会不同。

另外，"理所应当的标准"是高还是低，如果不去试着提高一下是不会明白的。如果不太清楚自己现在所站的位置，先爬到高处俯瞰一下就可以了。

为了了解整体状态，你需要多了解一下外面的世界。

这时，有的人就会产生很大的误解。

他们会产生这样的错觉：一旦提高了自己的"理所应当的标准"，之后不就会变得很辛苦了吗？继续按照现有"标准"能少一些麻烦的事，过得轻松一些。

但压力之所以会累积，是因为"标准"低的人被委任了"标准"高的任务。

比如，早上9点上班的公司，9点之前到岗是"理所应当"的。对那些做不到的人，上司要他们"9点之前来"，也是理所应当的。

但对这些"标准"低的人来说，就会觉得很累，就会觉得遵守规定是件很麻烦的事。

对上司指派的工作，你保证说"下午 5 点之前完成"，若没能完成，被批评也是理所应当的。

但如果你觉得："虽然我说过能完成，但也有可能完不成。上司这时应该更宽容一些。"那就会更加糟糕了。

"理所应当的标准"越低越会觉得轻松，这是因为你看事物的目光很短浅。如果用"鸟的眼睛"来审视一下自己的事业和人生的整体形象，你肯定不会觉得一直处在低水平也无所谓。

因此，哪怕是强迫自己，你也应该先试着去提高一下自己"理所应当的标准"。

第二章

职场基本技能

09 "干劲"是出色的能力

"现在的年轻人没有毅力。"
"现在的年轻人没有自主性。"
"现在的年轻人动不动就辞职。"

我经常会听到中高层管理者说这样的话。

但事实真的如此吗?我认为他们的想法是错误的。无论他们的哪种说法,都是在某个情境下产生的陈词滥调。

身为咨询顾问的我为企业进行新人培训时,在那些刚进公司的20多岁的年轻人脸上,经常能看到"又期待又不安"的神情。

无论企业是何种规模、他们就任何种职位,这种表情都是一样的。

这些年轻人大多刚从学校毕业,别说搞清楚工作的"一二三",

甚至连"一"都还摸不清。

这和我当初作为青年海外协力队员去危地马拉赴任时一样。

新人现在不会、不懂，是再正常不过的。

但是他们身上有一项不输给任何人的"能力"。并且，这种能力会随着时间的推移而逐渐减少。

那就是"干劲"。

"干劲"，这个说不清道不明的不确定的东西，我觉得它不仅是一种"优点"，更应该被视为一种"能力"。

这和你是否进入了心仪的公司没有什么关系。

总之，你找了工作，并且被一家公司录用了。当你进入职场的时候，心的"矢量"是充分的、笔直的。

每个人都会充满朝气蓬勃的干劲，想着"嗯，今后要加油"。

而"干劲""坦率"这两个优点，是在你步入社会10年、20年之后，再也找不回来的珍贵品质。

希望你能尽可能长时间地保持这种未经污染的纯洁感情和纯粹心灵。

我真的很希望如此。

10　实力 = 实际业绩 × 能力

去哪里工作都能得心应手的人，是有"实力"的。

那么，所谓的"实力"是指什么呢？

"实力"的定义，可以用这个公式来表达：

实力 = 实际业绩 × 能力

无论是多么有能力的新人，在刚步入职场时，业绩都是"零"。因此实力也是"零"。

没有实力，是不能成为"去哪里工作都能得心应手的人"的。在没有业绩的时候还不去努力提高能力，是根本行不通的。

你可能有过准备资格考试的经历。

那时所花费的时间、人力、资金等，都是基于某种决策的参考因素。

例如，在我所供职的咨询事务所里，有很多注册税务师和注册会计师。

要成为注册会计师，究竟需要付出多少学习时间呢？一般来说，是"约3 000小时"。

这是那些通过考试的人的平均学习时长。实际上，有很多的人是学习了更久的时间才考上的。如果刨除其他事项，那么这些人整日埋头于学习的时间应该有3年左右。

"能力"是由花费的时间和人力之比计算出的。

因此，拥有注册会计师、注册税务师等高难度资格证书的人，我们说他们"有能力"也毫不为过。这是正如前文所说的"能力＝实力"。

名校毕业的人、持有高难度资格证书的人，可以在自己的简历或名片上写这些信息，借此展示自己的"能力"。

但我自己，可以说那种意义上的"能力"接近于零。

我既没有大学毕业，也没考过什么资格证书。

尽管如此，经过多年的奋斗，我现在已经成为阿塔克斯集团的高层管理者之一了。

没有那些所谓的"能力",我却能晋升到一个有着近200人规模的咨询公司高层管理者的位置上,并且公司员工多为注册税务师、注册会计师、社会保险劳务师等。这纯粹是因为我有"实际业绩"。

如果能同时具备"能力"和"实际业绩",自然是最好的,可惜我没有"能力"。

因此,我只能靠"实际业绩"取胜。

我创办了咨询公司,并且十多年来不断取得压倒性成果,所以周围的人自然会认同我。

在企业的招聘面试中,经常有人说"我的强项是沟通能力"。但是听完之后我并不会觉得"是这样啊",而是会想"原来如此啊"。

也有人会想:"那么为了锻炼出这个强项,他到底付出了多少努力呢?"

如上所述,成为注册会计师一般需要3 000小时左右的学习时间。

努力到这种程度,才能获得"注册会计师"这个成果。

这对立志成为注册会计师的人来说是理所应当的。

那么,我们来比较一下取得注册会计师的资格所必要的"理所应当的标准"和掌握交流能力所必要的"理所应当的标准"吧。

如果为了锻炼交流能力花费了"3 000 小时",那应该有相当强的能力了。这难道不是能和说书艺人、主持人、新闻主播等"说话专家"相提并论的水平吗?

但是,如果仅仅是被朋友评价为"真会说话"的水平,那这个人的"理所应当的标准"虽然不算低,但也不能算高。

不要成为一个"井底之蛙"。

要时常去怀疑、去审视自己认为"这很正常"的标准。为了能够正确地去怀疑,其他领域的知识和经验也是不可或缺的。

不然,拿什么去做比较呢?

这就是为什么你的参考因素的质量,会决定你"理所应当的标准"的原因。

11　今后时代中必需的两大能力

那么,关于"能力",我们再深入思考一下。

罗伯特·卡茨把人类的能力分为以下三种,即:

①技术技能;

②人际技能;

③概念技能。

这被称为"卡茨模型",如下图所示。

卡茨模型

高层管理者			
中层管理者	概念技能	人际技能	技术技能
基层管理者			

这个"卡茨模型"总结了管理者所期望的能力。

我认为在今后的时代,对于职场人士来说,这也是可以参考的模式。

其中的"技术技能"和"人际技能"无须特殊说明。它们分别是执行业务所需的知识和技术,以及构筑人际关系的能力。

所谓"概念技能",是指俯瞰事物的整体,构造性、系统性地掌握情况,看清并解决问题本质的"逻辑思考能力"。

如"卡茨模型"图所示,管理者的层级越高,就越需要"概念技能";管理者的层级越低,就越需要"技术技能"。

而且,无论是对高层管理者、中层管理者还是基层管理者,"人际技能"都很重要。这就是"卡茨模型"想要强调的东西。

而在上述的高难度资格考试中获得的"能力"大部分都是"技术技能"。

"法律职业资格考试""宅地建筑物交易主任""高级信息处理技术人员""注册会计师""注册税务师"……通过获得这样的资格证书,你的自身能力确实会提高。

于是就更容易成为去哪里工作都得心应手的人。

但是正如前面所说，那样的时代已经接近尾声了。

时代已经变了。

根据野村综合研究所的调查，日本目前约 49% 的工作岗位在技术上都可以用 AI 等技术来取代。这一点是重要的参考因素，请记住它。

花一定的时间去学习知识，以解答固定问题的形式所获得的技能，随着 AI 和机器人技术的发展，都有被取代的可能性。

例如，占本公司员工近半数的注册会计师和注册税务师，他们通过拼命学习获得了高难度资格证书，但并不能躺在资格证书上高枕无忧。

因为据说他们一半以上的工作内容将来可以用 AI 等技术来代替，当前急速发展的会计软件也将导致越来越多的会计师失业。

这种需要高难度资格证书的工作尚且是这种境况，而过去所倡导的"端个铁饭碗"的想法，更是早已没有参考价值了。

这种想法已经不再是"理所应当"的了。

今后需要掌握更多其他的技能。

而这些技能就是"概念技能"和"人际技能"。

高层管理者自不必说,作为一般职场人士,掌握这两种技能也是很重要的。

12　站在对方的立场上考虑问题

概念技能对于从事高附加值的工作来说是必备的技能。

要高瞻远瞩、俯瞰全局，确定问题出现在哪里之后进行逻辑思考，并制订出解决问题的方案。若非如此，无论过多久，你都只是一个"被雇用的人"。

顺便一提，"逻辑性"指的是做事情始终保持一致，不偏离方向。

也就是说，"逻辑"意味着向着某个目标勇往直前，不走弯路。

因此，在保持逻辑思考的基础上，职场新人"坦率"的这一优点是极为重要的因素。在思考中容易偏离方向的人，和想法不纯粹的人，是无法进行逻辑思考的。

因此，不要想着"积累更多的经验，升到管理层之后，只要掌握概念技能就好了"。记住，越是心灵纯洁，就越容易掌握概念技能。

你先要审视一下自己是否在客观地看待事物。

如果只凭主观意识,你就会变成"井底之蛙"。因此,我们应该学会用上面说过的"鸟的眼睛"来俯瞰事物的全貌。

但这和"用冷静的眼光观察事物"是不太一样的。

这里说的是把各项参考因素都摆在桌面上,总揽全局。

比如,在你休息的时间,上司却指派给你一些完全没必要的工作。

这时你自己的工作已经做完了,可以下班回家。而上司指派的工作对提高公司的附加值也并无帮助。

那么这时你要如何"判断"呢?

如果你的"理所应当的标准"较低,一定会陷入严重的不满和失望之中,想着:

"为什么我得做这些事啊,傻了吧唧的!我又不是'社畜'!"

"不过前辈也曾告诉过我,职场就是这么回事儿。自己想做的工作做不了,还总是被上司指派莫名其妙的杂务。上班族既没有梦想,也没有希望啊。"

第二章
职场基本技能

要想控制自己的情绪，你就应该这样想：

"对上司要唯命是从，而且这些没意义的工作竟然还要加班去做，我不想再继续下去了。我究竟应该清楚地回答'请别给我派这样的工作'，还是应该为了不被上司讨厌而应承下这些工作，然后自己默默委屈呢？"

这时，你需要客观地从高处观察上司和自己的位置、意图等信息。

"我和上司之间构建起了信赖关系吗？目前肯定还没有。我在工作中有过很多失误，上司也教了我许多事情。并且，最近上司的上司也指派了很多工作给他，他自己应该也很为难吧。"

对照一下自己的"理所应当的标准"，你就会做出这样的决定：

"我不喜欢工作时间之外被指派一些不必要的工作。要是我今后能直接表达出这样的意见就好了，我觉得这是在为双方着想。但是现在我和上司的信赖关系还没有充分建立，所以这次还是先把工作接下来吧。"

通过客观地观察，也许你也会做出其他的判断。

比如："最近被上司表扬的次数增加了，和上司之间的信赖关系也有了相应的进展，我今天就直接表达一下自己的想法吧。即便自己的主张得不到赞成，也能给上司留下一个'这是个会直接说出自己想法的家伙'的印象。"

通过对照自己的"理所应当的标准"，然后做出决策。而这种决策是否正确，在之后可以得到检验。

如果你直接向上司说出了自己的想法，却被劈头盖脸地训斥了一顿，你就会明白：

"是这样啊，原来如此。我和上司的信赖关系还没有到达一个比较充分的阶段，看来之前我没判断错，是我对现状的估计出了偏差。"

反过来，要是上司爽快地接受了你的想法，你就能明白：

"上司竟然立刻就让步了。是这样啊,幸好我这次拒绝了这些工作。今后也这样做吧。"

但若对方的心情不同,其反应也会不同。

"今天被上司批评了。可能之前那一次是因为他心情很好,所以立刻就答应了。是这样啊,原来如此。"

如果是以上这种情况,你就要反省一下自己在判断情况时是否太天真了。

为了正确维护"理所应当的标准",你要改善上述客观思考的方法,控制你的情绪,从高处俯瞰全局,而且最重要的是"把握状态"。

因为事物的"状态"是不断变化的。

"之前很顺利,这次却不行,我不明白为什么!"会这样想的人,可以说他把握"状态"的能力很弱,他对"状态"不敏感。

也就是说,他因为迟钝,所以无法认清状况。

此外，你还要"站在对方的立场上考虑问题"。

对于上司和客户等，如果不站在他们的立场上去思考问题，对方自然会批评你任性。经常站在对方的立场上思考，就不会有那么多麻烦。

为了体会对方的立场，你需要仔细观察对方现在的状况。

通过多次观察，你的参考因素就会增加，也就能够了解对方的"状态"了。

在神经语言程序学（Neuro Linguistic Programming，NLP）中，这被称为状态管理（状态控制）。

就是说要正确判断周围的"状态"，并将其置于自己的掌控之中。

因此，你先需要正确地控制自己的状态，这是很重要的。

不能感情用事，自己的身体状态和精神状态也要保持稳定，这是最基本的要求。

如果是与人相关的事情，就要同时客观地把握对方的状态。

如果是与工作相关的事情，你就要把握上司的忙碌程度、身体状况、心理状态等。

如果平时就与其积极交流，你就能够了解对方的状态。比如"最近上司总是发火，还是多顺着他一些""上司是个冷静的人，不会被情绪左右"，等等。

不仅要观察自己的精神和身体，还要观察整个公司的状态。

除了上司，你需要经常和同期入职的同事、前辈交换意见。

比如，如果你了解了"因为业绩不好，领导相当生气""最近客户投诉很多，领导们很忙"等情况，就算被上司指派了无关紧要的工作，你也不会逆着他来，而是会想："这种情况下最好别拒绝，可能连上司也无法做出适当的判断。"

这就是我所说的"成熟的应对"。

掌握了概念技能，才能做出"成熟的应对"，最终，你的人际技能也会随之提高。

13　要做到"太拼了吧？！"的程度

你做完一件事之后，觉得"做得很对"。如果这种情况的次数增加，那么就会为你"无论去哪里工作都能得心应手"打下坚实的基础。

无论是什么事，都有顺利和不顺利两种情况。

刚进职场的时候，你可能会有种"被扔进洗衣机里"的感觉，每天都忙得团团转。

这时，你应试着抽身出来，用冷静的眼光审视顺利和不顺利的两种情况，并从中获取判断取舍的能力。

因为这与"概念技能"相关，若你的判断能力提高了，那"理所应当的标准"也会提高。

没有人能从一开始就掌握要领，高效率地工作。

因为你还不能根据自己的能力、工作的质和量来判断"应该把精力投到哪些事情上、投入多少"。

正因如此，你才要从一开始就全力以赴。

要说全力以赴到什么程度，就是直到上司对你说"根本不必做到那种程度"的时候。

"理所应当的标准"低的人，在工作时考虑问题的标准，是"偷工减料到什么程度才会被上司批评"。

而该标准高的人，会以"要努力到会被上司制止的程度"为标准。

如果你刚开始做一个新的工作，在工作时就要暂时忘记刹车的存在，全力踩油门吧。你周围的人自会起到帮你刹车的作用。

比如，让新人只负责端茶倒水和复印的企业，我认为正在逐渐减少。虽说如此，新人在很多时候还是会被指派去做一些不重要的工作。比如资料的归档和顾客数据的录入等事务性工作。

于是你可能会想："公司应该是看到我身上的潜力才会录用我的，为什么现在只让我做这些无聊的常规工作呢？"

这时上司就会说："没有无意义的工作。即使你觉得它无聊，但其实在完成工作的过程中，你自己的实力也在不知不觉地提高。"这话已经解释得比较充分了。

在现实生活中，很多时候连上司都不会在工作时去考虑它的意义。

但即便如此，还是不要说"可是""但是"。你应该先竭尽全力去工作，直到上司跟你说："你傻不傻？根本不必做到那种程度啊！"或者，上司惊讶于你的努力程度之时。

14　掌握工作的估算能力

锻炼"用数字思考的能力",是掌握概念技能之后最重要的事情。

虽说是数字,但指的并不是决算、折旧率、毛利润等,因为这些都是早晚要掌握的知识。

这里说的"数字",是指从初入职场开始,就首先要掌握的"工作的估算能力"。

为了完成上司指派给自己的任务,要用数字把"做什么、做多少"表示出来。

为了完成那些比较大的工作目标,自己需要先用数字确立一个"前期目标",这样可以使工作任务更加明了。

比如,我在日本全国一共 8 个地方,每月都会举办一次清晨开始的"百分百社长会"。那时我会在其中某一个地方实地演讲,在其他地方进行实况转播。不过,无论在哪个会场,吸引听众都很重要。

于是我对部下下达指示："最近这个地区只来了 20 人左右，下次要邀请 50 人来参加。"

我期待部下首先进行如下思考：

"要邀请 50 个人参加，就要在 20 个人的基础上增加 30 个人，那么需要花多长时间、需要向多少人宣传才可以呢？"

有的部下只是信心十足地回答我说："是！明白了！"但他没能拿出具体的吸引听众的计划——说这些好像有些自揭短处。

"20 人变成 50 人"，换句话说就是"必须吸引到现在 2.5 倍的听众"。

如果不能马上换算出这些数字，就认识不到事情的重要性，自然也制订不出具体的计划。

"那么，我计划从举办研讨会的半年前开始，到会议举行前一个月为止，要向大约 250 人进行宣传。"

如果部下这样回答我，那他向成功迈出了第一步。

因为对于"邀请 50 人参加"这一目标,他先制定出了"向 250 人进行宣传"这一数值目标。

之后,只需制定相应的战略就可以了。

"只靠我自己去向 250 个人宣传是绝对不够的,拜托一下住在那个地区的朋友帮忙介绍一些人,然后通过口口相传来扩大范围吧。"

比如,为了完成目标,就可以按照这种方法采取正确的行动。

对工作进行估算,并制定出数值目标。

但在还不习惯工作的时候,你要把自己放在"最佳出发点"上,以最保险的方式估算保底,确保完成上司的任务。

在进入职场的前几年里,"认真贯彻上司的指示"就是你的使命。

但无论如何你都要给自己制定目标,并且去完成它。

因此,你要先掌握"工作的估算能力",它能够帮助你自主、自立地完成工作,达到预期结果。

请把这一点作为掌握概念技能的训练,积极地进行尝试。

15　不擅长说话也没关系

上文中写到,在职场中最重要的能力,除了"概念技能"之外,还有一个是"人际技能"。

在今后的 AI 和机器人技术不断发展的时代,这些能力的重要性会尤为凸显。

详细情况将在后文中阐述,总之,在职场上最重要的要素,既不是"做什么工作",也不是"在哪里工作",而是**"和谁一起工作"**。

上司、同事、部下、客户……

如果和周围的"人"关系良好,在大多数情况下,你都会喜欢上工作,并且热爱它。

因此,为了与周围的人构建起信赖关系,你需要从平时开始锻炼自己的"人际技能"。

这和以前的"理所应当"不同。

第二章
职场基本技能

在人们普遍认为"人际技能"最重要的时代,你的上司或前辈们却没有多与社会交流。其实不如说,在他们那个时代通用的"理所应当"的标准,是"有个铁饭碗,一辈子不愁吃"。

因此,也会有不少上司的人际技能并不高。

但是说到人际技能,经常会有人说"我不擅长搞人际关系"。

但是,"不擅长"到底是指什么呢?

另外,"擅长搞人际关系"指的又是什么呢?

和谁都能很快打成一片、能愉快地聊天、在聚会上能使气氛活跃起来……这就是擅长搞人际关系的人所秉持的"理所应当的标准"吧。

其实,"人际技能"并不等于"说话的技能"。我甚至想,反而是那些不擅长说话的人,才能更好地提高"人际技能"。

不说别人闲话,被邀请去喝酒时也不去。

这样也是很好的。

如果这些人会认真完成上司指派给他们的工作,能顺利完成报告、联络、商谈等,他们一样能够得到上司的信赖。

因此,不擅长说话也没关系。

即使他们和其他人在交往中多少有些不顺利，也不重要。

他们会让上司觉得："这个人虽然看起来有点笨拙，但该做的事情做得还不错啊。"

如果和对方的信赖关系没有构建好，即使努力"想让对方更了解自己""想让对方认同我的观点"，也会徒劳无功。因为你弄错了顺序，所以只会给彼此增加压力。

构建信赖关系，就要先适应对方、适应环境。

在工作时，你应该会有很多想说的意见、很多想要展示的东西。

但是，即使上司不同意你的意见，你也要接受。你可以这样想："我还没和上司建立起信赖关系，他不同意我的意见不是理所应当的吗？"

对于充满干劲的人，那种"想快点掌握工作，做出成绩"的心情，我很理解。

为了在最短的时间内实现这个目标，先要每天踏踏实实地"训练"自己，从而与直属上司建立起信赖关系，这是很重要的。

16 "定速"是职场人的基本能力

和上司建立信赖关系,其基础中的基础是"定速"。

"定速"指的是和对方保持"步调一致"。

不管对方说的是对还是错,"配合对方"是建立信赖关系的第一步。

在职场中,"上司说的话是绝对命令"。也许会有人反感这种观点,但这基本上是正确的。

在这种情况下,有人会觉得:"如果认为对方是错误的,无论他是上司还是什么人,都应该明确指出来。"那么这些人"理所应当的标准"就太低、太幼稚了。

人际技能中最重要的并不是"能明确表达自己的意见",也不是"能为解决问题提出意见的能力"等,而是新人的优点,即"坦率"。

新人在思考时不会拐弯。他们这种没有偏见、直来直去的思考方式是最大的优点。

他们的这种优点是应该被提倡的。

虽说提倡"坦率",但这时需要的"坦率"并非小孩子式的"坦率",而是"成熟的坦率",也就是"成熟的应对"。

成熟的人必须能控制情绪,即使你的上司感情用事地斥责你,你也要保持冷静。

即使你逐渐掌握了工作要领,可以判断出"这种方式效率很低""那样做效率更高",但若直接将这些意见表达出来,那你不过是个幼稚的孩子而已。

别人会批评你"连基本的常识都不懂""不懂人情世故"等。

因此,你要先客观地接受现状,想着"是这样啊",并且努力去"把握状态"。

"我这时需要成熟起来,坦诚地回答'我明白了'。"

这样的"成熟的应对"是必须的。

除了道义上的错误、生理上的抵抗之外,在大多数情况下是需要"定速"的。

我经常说："要想引导对方，你就需要确定自己的速度。"你要先让对方能倾听你的声音，比如"这样做应该会更好"等。

而为了让对方倾听，你就需要得到对方的信任，让他觉得"这个人说的话我可以听听看"。

建立这种信赖关系的关键，就是"定速"。

人们在工作面试时往往会穿职业套装，而不会想怎么打扮就怎么打扮。这与自己喜不喜欢职业套装无关，而是"这时候就要穿这样的衣服"，这也是一种"定速"。

这是符合社会普遍常识的。在职场也一样。

虽然学生时代的"理所应当"可以全凭自己的好恶来判断，但是进入职场以后，你需要根据能否达到目的、能否产生期待的结果来判断事物，这才是职场的"理所应当"。

不是要符合道理，而是要符合公司的规定，要符合职场常识，和普遍认为的"就应该是那样"保持一致。

这样一来，你就能和具有常识的人建立起信赖关系。其中必不可少的就是你的"定速"，这是作为一个职场人的基本能力。

17　对任何工作都要"废话不多说,先全力去做"

在工作中,也许你有时会条件反射似的惊讶地说"什么?!",然后会抗拒地说"但是""可是"。

比如,明明刚开始做某项工作,可上司却过来打断你,说:"你先别做这个了,马上去做那个。"这时,任谁都会想说"可是""但是"。
于是上司对你说:"考虑到优先级别,你停一停,先来做这个。"那么你应该会想怀疑地"嗯?"一声吧。

但是,在你习惯工作内容之前要先做好心理准备,要像每天"在洗衣机里"一样,一边被嫌弃,一边忙得团团转。比如:

"你在干什么呢?多动动脑子啊!"
"起码要先做到这个程度吧,非等着别人说你啊!"
"真是的,这是谁教你的啊?!"

即便你没有忙得团团转,也不要说"可是""但是"。

上司或前辈不是你在学校的老师,而且具备高水平人际技能的上司也不多。

上司给你建议的时候、被上司嫌弃的时候,在心里嘀咕一声"是这样啊"就可以了。

但无论是哪一种,你都要和对方保持步调一致。这时就要发挥你的两大优点之一——"坦率"。

如果某件事被明确定为一项规则,那么把它作为决定事物的标准就是理所应当的。应该不会有人质疑这一点。

当你纠结于某件事是不是"理所应当"的时候,才会陷入烦恼中。

这时,只需要参考上司的意见就好了。不是去接受他的意见,而是去明白他的意见,然后配合他的步调去工作。

不要把这当成是"妥协",而是要当成"成熟的应对"。

"定速"并不是"唯命是从",也不是一味服从。

那些不管什么时候都对上司说"是"的人,会被称为"应声虫"。

你不需要成为一个"应声虫"。

在给客户进行培训时,咨询师会配合客户的节奏,不断地认可对方。

这时需要的就是"定速"。

咨询师不是客户的"应声虫",而是在用成熟的眼光不断认可客户,考虑如何与对方建立信赖关系。

你也不需要成为"应声虫"。

"忠诚度"不高也没关系。为了可以偶尔说"不",平时就不要总说"可是""但是",而是把"定速"当成是理所应当的。

与普遍认为的"理所应当的标准"相去甚远的事情,如果是上司说的,那么暂且不去细究,全力去做就好。如果不是上司安排的工作,只要"多半是正确的",你也可以去做。

18　不被器重也没关系，只要别被抱怨

你想被上司器重吗？

你应该会有想吸引其注意力的人，也有想尽量与其保持距离的人吧。

无论有哪一种都没关系。

但即便你得不到上司的器重，也至少要做到"不被上司抱怨"。

尊重上司以及同级的前辈很重要。

但是，尊重应当是自然而然地涌现出来的。不要为了讨好对方、为了得到对方的器重，而表现出对他很尊敬的样子。

如果太想得到上司的器重，你和上司在心理上的距离就会过于靠近。

甚至在某些情况下，你可能会被上司的不良思维模式所影响，你的"理所应当的标准"也会降低。

"定速"很重要。但是恭维话说得太多,或者没有底线地去谄媚,其效果也是有限的。

有一种心理现象叫作"刺激驯化",就是指如果持续受到刺激,这种刺激就会不知不觉失去作用。

为了吸引对方的注意,当对方向你提出"今晚去喝酒""周末帮我一起做点事"之类的要求时,你就会无条件地答应。

这样的话,你就会"失去自我"了。

要想自立、自律地成长为优秀的职场人,你需要从一开始就保持正确的态度,对事物进行划分:公司就是公司,上司就是上司,自己就是自己。

不被上司器重也没关系,只要不被上司抱怨就足够了。

指派给你的工作完成得不好,上司不满是理所应当的。

但是,即使你不善于交际,或者多少给人留下自大的印象,只要你工作做得好,谁也不会对你有怨言。

如果有人觉得你"虽然有点不好相处,但是工作做得很好",就属于这种情况。

人际关系的"主导权"说到底是掌握在自己手中的,请把这一点作为"理所应当的标准"。

19　挨骂是在所难免的，但如何挨骂取决于自己

人不是完美的，犯一点小错误很正常，在工作中出错是难免的。

有时你会受到上司的严厉批评，但不要每次都闷闷不乐。

话虽如此，但面对类似于"所以说你是不行的"这种感情用事、连人格都被否定的斥责方式，任谁都会陷入消沉之中。

于是你就会抵触接下来的工作，刚进职场时身上那股满满的"干劲"一下子就被击垮了。这样一来，你可贵的优点也就得不到发挥，也就无法获得成长了。

既然工作中难免有失误，挨骂也是没办法的事，所以你应该设法掌控自己挨骂的方式。

明明别人对你做了同样的事，但不知为什么你对有的人就恨不起来，对有的人却无论如何也不能原谅呢？出现这种差异的原因，虽然与对方与生俱来的人品有关，但大部分还是由各人平时的行为举止造成的。

"不知为什么就是让人恨不起来"的人，平时就会做"不知为

什么就是让人恨不起来的行为"；而"无论如何都不能原谅"的人，平时做的就是那些"无论如何都不能原谅的行为"。

这也和上司对部下产生的印象，甚至和"训斥方式"直接相关。

也就是说，被严厉斥责的人，即使他自己意识不到，他平时做的也都是"让别人想狠狠骂他"的行为。

反过来说，你在工作中要努力做到让上司在指出你错误的同时又不去伤害你。

那么你应该如何去工作呢？

上文说到"对于指派给你的任务，废话不多说，先全力去做"，这种工作态度是很管用的。

即便是平时很认真的人，也是会犯错误的。

那么，上司对他的斥责方式自然就会变成："我知道你很努力，但是这次你确实做错了。"

"所以说你是不行的"之类的比较过分的话，上司是不可能冲着他说的。

第二章
职场基本技能

即便如此,如果遇上骂人骂得狠的上司,你还是得意识到"他这样不对"。

若一个人平时的仪容整洁,打招呼的声音也很响亮,上司指派的事情会在期限内做完,经常在截止时间之前完成工作,并适时向上司征求意见。在他犯错误时遭到上司训斥:"你竟然犯这样的错误!你脑子没事儿吧!"

如果对方是"出了名的职场暴君上司"就另当别论,若是平常的上司,则只要对他低声说句"对不起",好好道歉就可以了。

但如果犯错的员工总是以一副懒散的样子工作,那么这种道歉方式是不会奏效的。如果是平时说话就很爽朗的人,就连上司都会对他产生好印象。上司训斥完他之后可能会反思:"自己是不是说得有些过分了……"

"平时好好工作"的效果就是如此之大,它能帮助你和上司建立起信赖关系,偶尔向上司进言后,又能保护好自己。

工作,可以说是用"排除法"来掌握的。

打个比方,就像你在黑暗中行走,撞到树之后就往另一个方向走，撞到岩石后就再换一个方向走。

像这样在前进中逐一排除错误选项，最终会找到一条没有障碍物的道路。

有人会认为"多积累小的成功经验很重要"，但人类在成功之前是要先经历失败的。

像在黑暗中探路一样反复试错，得出"这条路行不通"，那么在下次工作时，你就可以删除那个行不通的选项，然后尝试别的方法。

这样才能走向成功。

工作就是这样，在试错的时候被上司训斥是不可避免的。其实，现在越来越多的上司会注意自己的言行是否属于"职场暴力"，从而避免训斥部下，这让我感到有些不安。

如果遇到一个在你失败时会严厉斥责你的上司，我认为是件幸运的事。

因为上司的斥责就像游戏的积分一样。

每次被斥责的时候，你的积分都会增长，你的"理所应当的标准"也会就此提高。

20　把主导权掌握在自己手里

无论是面对上司,还是面对公司以外的人,在工作中始终由自己掌握主导权是很重要的。

"定速"很重要,这在前文中已经说过了。

不随波逐流,也不轻易地相信别人的话,而是要有意识地调整步调。

步调一致也好,不一致也好,都是自己的判断,所以主导权要始终掌握在自己手中。你要约束自己,不要放弃自己的主导权,不要随波逐流,避免自己工作成果的质量下降。

所谓自我约束,打个比方来说,就是不要在打球时把球扔给某人,一直等"球"再回来,而是要时刻把"球"掌握在自己手中。

比如,你按照上司的指示给客户的负责人发送了询问的邮件。

几天后,上司问你"上次的询问怎么样了"的时候,你回答说

"对方还没有回信,我不知道"是不行的。

"理所应当的标准"高的人,能够"举一反三"。

上司指示"发送询问的邮件",那么只是发送了邮件的人就是"举一反一"。他们并不理解工作的目的,只做了上司交代给自己的事。

而若是"举一反三"的人,就应该会像这样回答:"咨询邮件发送之后还没有回信。超过期限后,客户的确会向我们投诉。我们和对方的主任倒是方便联系,我先打个电话问问情况吧!"

上司和客户问你"这是怎么回事"时,请把这当成一件丢人的事吧。你本应该在他们问你之前先想到下一步,掌握工作的主导权,**时刻把"球"掌握在自己手中。**

不依赖对方,持续关注自己能关注到的地方,直到可以推进下一步时再继续把球投出去。

这样就能在工作中取得更好的成果。

同样,以下的对话在商谈结束时经常会出现:

对方："那么，请您考虑考虑。"

自己："知道了，这次的事我先考虑考虑。"

对方："我也考虑考虑有没有什么好的办法。"

听到最后一句"我也考虑考虑"时，就有人会认为"这个人也要考虑考虑啊"。

但这是一种社交辞令。对方真正认真考虑的概率大概是零。

人是容易被影响而发生转变的。

如果相信"对方也会考虑"，你就会想"那我自己就不用考虑那么多了""下次请对方和我一起思考一下"，从而放松了对自己的要求。

这就是放弃了主导权。

为了推进工作，许多时候你会需要周围人的协助。

但是，借助周围的力量，和依赖周围的人是不同的。

说到底是要把自己作为主体，然后再去借助周围的力量。在这时如果放弃主导权，你"理所应当的标准"就会降低。

因此，在面对上述的情况时，不要认为对方也会帮助你思考，而是要自己去思考。你要经常提醒自己把"球"掌握在自己手中，然后继续投入工作。

"时刻由自己采取行动。"

"我总是做到百分之百。"

这就是上面说的"把主导权(球)掌握在自己手中"。

就像竞技体育一样,即使做不到以完美的姿势投出时速 150 千米的高速球,也要以不断努力投球的气势投入到工作中。

21　交往的不同人群占比为"2∶3∶5"

在职场的人际关系中,最重要的是和上司之间的信赖关系。

但也不能轻视与前辈和同期员工之间的交往。

工作以后,请把你交往的不同人群按照"2∶3∶5"的比例来划分吧。

与同期员工、学生时代的朋友,也就是和你"理所应当的标准"差不多的人,在交往人群中的比例为"2"。

与公司同级前辈、上司、客户交往的比例为"3"。

与公司外"理所应当的标准"高的人之间的交往,要占到"5"。

但最后的"公司外的人",也可以用"书"来代替。

这个"2∶3∶5"的比例不是指绝对的时间量,而是一种感觉。

如果你在公司内基本只和同期员工说话,午餐也只是和同期员工一起吃,去喝酒或周末消遣时都是只和年龄相近的人在一起,你就只能继续维持目前"理所应当的标准",无法获得成长。

与年龄相近的人多交流并无不妥,但还是要更多地和上司以及同级前辈进行交流。

和公司外的人交流、读书,这些事情的占比应当与和同期员工、前辈交往占比的总和大体相当。

但是,如果不和同期员工、前辈们去交流,只是一味地看书,即使看再多的书,也无法和亲近的人建立起信赖关系。

进入职场后,为了提高自己"理所应当的标准",你要有意识地制定一下这个"2∶3∶5"的比例,并且思考一下自己交往的人和读书的时间。

虽然没办法选择上司,但是对于同期员工和前辈,你是可以选择和谁多交往的。

在一个团体中,有个"2∶6∶2"法则很有用。

这个法则说的是,假设把全体看作10,其中的"2"是"理所应当的标准"高的人,"6"是中等标准的人,剩下的"2"是标准低的人。

这个法则和企业的规模无关。

第二章
职场基本技能

如果是 100 个人的规模,那么 100 就是"10";如果是 1 000 个人的规模,那么 1 000 就是"10"。各种人群的比例都会呈现出"2∶6∶2"。

你在职场里应该多进行交往的同事,当然是标准高的那个"2"的部分。

人的思考方式会与经常交往的人越来越像,所以为了把你的"理所应当的标准"维持在较高的水平,你需要对经常交往的人进行选择。

俗话说,"物以类聚,人以群分",人们确实会喜欢和思考方式相似的人在一起交流。

想法正确与否姑且不论,若一个人认为"虽然规定是早上 9 点上班,但还是提前 30 分钟来比较好",这样的人确实会愿意与有着同样想法的人多交流,因为他们都认为:"是啊,不喜欢卡着点来上班。"

因此,那些认为"卡着点来上班很正常吧,早来又不给加班费"的人,和这些提前来上班的人是合不来的。

他们会想:"为什么要提前 30 分钟来呢?无法理解。"

于是,与他们有同样想法的人就会很赞成这种观点。

"就是嘛,无法理解,为什么非要提前30分钟到?"

这两种想法并没有好坏之分,只是两种思考方式而已。

因此,你要尽可能地和"理所应当的标准"高的人交往,这一点很重要。但在这个过程中也必须注意一些事。

假设,你现在经常和"理所应当的标准"低的人在一起。

那么,随着你的"标准"的提高,你在现在的人际圈子中会逐渐感觉到不适。

步入社会与高端人士相处一段时间之后,若再遇到"理所应当的标准"低的人,你就会一下子觉得他们很幼稚。

但这时,之前总在一起的人可能就会说你"最近不太合群啊""你怎么开始那么努力了"。

这种现象是正常的,你不必太过在意。

随着你的进步,你的"理所应当的标准"必然会与之前产生差距。

你可能也会想:"把人分成不同的等级,然后决定和谁多交往,真是有点差劲⋯⋯"

但你已经不是学生了,你应该摆脱那种"你好我好大家好"的想法。

我有个朋友大学毕业还不到一年,就和大学时代的女朋友分手了。

因为他的女朋友在工作后,经常和她崇拜的同级前辈、上司在一起交流,周末也经常向公司外的行业专家请教。

而我的朋友进入职场后,没有对自己进行任何投资,每天和同期员工一起去吃午饭、去小酒馆喝酒,周末也是和学生时代的朋友一起玩,所以在和女朋友相处时会很不舒服。

他说她"你干嘛那么努力啊""最近你怎么这么'拼'啊"。于是不知不觉间,两人的心渐行渐远。

这里并非要评价谁好谁坏。

人们步入社会后,思考方式在短时间内出现变化的情况并不少见。

这里的关键词也是"冲击 × 次数"。

在我朋友的例子中,正因为他的女朋友在工作中经常受到冲击,所以她的思维才会发生变化。

经常和谁在一起,你的思考方式就会被谁同化。

无论在公司内还是公司外,你要常常思考"我想被什么样的人同化",然后就会获得比现在更大的成长和进步。

第三章

职场跃迁法则

22　目标是成为"矿泉水"

职场新人的两大优点是"干劲"和"坦率"。

不要觉得不好意思,你应该尽情去发挥自己的"干劲"。

因为嘲笑你这种"干劲"的人都是和你年龄相近的人,比如比你早两三年入职的前辈。

经验丰富的高层管理者、社长等却是举双手欢迎的,他们应该会很高兴地说:"这个新人很有干劲啊!"

满足对方的期待是非常重要的。这里说的"期待"并不是你"在工作中做出成果"这种需要花时间才看得见的反馈,而是指对对方眼前的期待做出回应,这是很重要的。

如果对方跟你说:"想必今后会很辛苦,加油吧!"

那么你就算只是用充满干劲、闪闪发光的眼神回应他,并回答说"我明白了,我会加油的",也是可以满足对方期待的。

特别是高层管理者，他们会一边关注新人的态度，一边从他们身上感受活力。

因为他们需要活力，所以你只需把自己所拥有的活力分享给他们就好了。

前文中已经写过很多遍了：新人的两大优点是"干劲"和"坦率"。

我强烈希望你能把自己的优点一直保持下去，不要消磨掉。

但是，步入职场一段时间后，总是会有一些人慢慢失去干劲。如果有什么让他们感到失望，那另当别论。但这些人并非如此，他们的干劲只是"莫名其妙"地消失了。

有很多人会记得自己情绪高涨的状态，那时他们会经常读启迪心灵的书或者商务书，会去参加研讨会，会经常鼓励自己说"加把劲""加油"。

但是，也有很多人过一段时间之后就会恢复到原来的状态。

其实，"干劲"也是一种习惯。

所谓"干劲"，因为可以分解为"干"和"劲"，所以"干劲"只是一种单纯的"劲头"、一种心情。

说到底，就是一种**"想做的心情"**，而到底做还是不做，那是另一回事。

但是一般来说，只要表明"有干劲"，别人就会觉得你"在实际地做"了，这是很正常的。**而上司要求你的是前面的"干"，对于后面的"劲"，只会在开始阶段影响别人对你做出的评判。**

因此，如果你明明表现出了"我很有干劲"，但没有实际地去做，周围的人就会觉得你"欺骗"了他们。

有的新人动不动就会表现出"干劲"，但"让人感到欣慰"的只有最初阶段。

因此，为了能和离你最近的人（直属上司）建立信赖关系，请不要辜负对方的期望。发挥自己的优势很重要，要把你比任何人都充足的"干劲"充分发挥出来，并且实际地去"干"，这一点很重要。

你面临的考验，在一开始并不是工作的内容，而是你"做不做"。一段时间之后，上司对你的印象就会固定下来。

如果他对你的印象是："我刚开始还有些担心，但没想到这个新来的员工出乎意外地'肯干'哪！"

那么你在工作时就会格外顺利。

工作顺利了，你的"干劲"就会更强。

相反，如果上司觉得你"最初看上去好像还不错，结果竟然是个'不肯干'的人"，那之后你的工作就会格外难做。

本来你就只有"干劲"，但要是工作不顺利，你就会连"干劲"都没有了。

这样一来，周围人对你的评价只会下降，而你自己"理所应当的标准"也会降低。

我把这称之为"碳酸水思考"。

把碳酸水倒进杯子，水在开始时会"噼里啪啦"地作响。但随着时间的推移，气泡会消失，最后，碳酸水就变成了普通的水。

而当人受到刺激时，情绪会一下子高涨起来，但过一段时间后就会像什么都没发生过一样，又回到原来的状态。从结果来看，虽然当时情绪非常高涨，但实际上并没发生什么变化，这就是"碳酸水思考"的特征。

甚至，如果别人能经常看到你情绪在高涨之后，又一下子降下来的状态，那就会很糟糕。

他们会想"他又开始了""反正他这次也坚持不了多久"。于是你"只说不干"的印象就会在他们心里根深蒂固。

明明有"干劲"，却不能持久，这是因为你"理所应当的标准"低。因此，你在受到冲击时的情绪和心情就会发生"波动"。

而情绪经常发生"波动"的人容易疲劳。

常常吃甜食，使血糖上升，这样的人也容易疲劳。

因为他们一直在重复"上升—下降"的过程。

规定早上9点上班的公司，在9点之前到岗是理所应当的事。

这种理所应当并不是由你当天的情绪、感觉来判断的。

像碳酸水一样，只在最开始的阶段产生气泡，势头迅猛，然后急速偃旗息鼓，这样是不行的。

因此，即使你在当时情绪不是特别高涨，也要努力坚持现在的"干劲"。

相对于"碳酸水思考"，我把这种脚踏实地的做法称为**"矿泉水思考"**。

嘴上说"加把劲""加油",也许会对保持现在纯粹的"干劲"有帮助。但是,脚踏实地积累实力的人,往往会像矿泉水一样,虽然看上去很安静,却含有丰富的矿物质。

周围的人在最开始时对你的印象,并不是看你是不是个"能干的人",而是看你是不是个"肯干的人"。

同样,他们不是看你是不是个"不能干的人",而是看你是不是个"不肯干的人"。

作为新人,即使"不能干"也没关系,但如果被认为是个"不肯干的人",那就很糟糕了。

这样一来,你既无法和周围的人构筑起信赖关系,自己的工作也会变得非常难做。

假设有3个新人,他们分别为"特别肯干的人""肯干的人""一点也不肯干的人",那么这个"特别肯干的人"自然会最受信赖。

对这个再简单不过的原则,遵守它的人,结果将很快被验证。

习惯按照这个原则去努力之后,你也许就会听到"做自己力所能及的事就可以了""目标终归是目标,即使努力也是白费"之类的杂音。

这些声音都是"杂质"。

如果接纳了这些杂质,矿泉水的价值就会一下子降低。若被职场中的不良风气所影响,你的"理所应当的标准"就会降低。

我希望你能成为纯度高的"矿泉水",而不是成为只能活跃一小会儿的"碳酸水"。

刚进公司的新人都是口感很好的"纯净水"。

从"纯净水"开始,你要积极进行自我投资,多多读书,结交公司外可以相互交流、切磋的伙伴,积累经验和见闻……这样一来,你就能逐渐提高自己"矿物质的浓度"。

如果自我投资过多,矿物质含量增加过多,你的个性会变得突出,可能会成为公司内的"另类"。

如果被别人认为你是个"难伺候的家伙",你的工作马上就会变得不顺利。因此,在你"储存矿物质"的同时,注意控制速度是很重要的。

虽然可能会有一部分人误会你,但是没关系。

在各种因素的影响中,能保持住"自己"的人,即使被一部分人误会也不必在意。

你只需在几年后,成为让别人"另眼相看的人"就好了。

23 "迎合力"是成熟的表现

有一种说法叫"迎合力好"。

与此相反,也有"迎合力不好"的说法。这里的"迎合"是指与某场合的气氛、氛围相适应的意思。

这个"迎合",也可以用"一致"来表达。

总的来说,这个词会给人以肤浅的印象,让人联想到"轻""浅""浮"等字眼,而不是"踏实"。

"迎合力好"的人是指没有经过深思熟虑,只依靠周围人的影响而做出决定的人。

"迎合力不好"的人指的是,即使在有些场合需要与其他人融为一体、保持一致,也会因为想太多而无法跟上周围人步调的人。

但是,有时也不能简单地用"轻松""状态好"等词来概括其内涵。

用演唱会会场来打比方的话,会比较容易理解。

第三章
职场跃迁法则

比如，你受到熟人的邀约，去了一个你不太感兴趣的摇滚乐队的演唱会。这时，周围的人都在兴致勃勃地手舞足蹈，而你是不是在发呆呢？

别人邀请你参加万圣节换装派对，但你没有换装就来了，周围的人会有什么反应呢？

要问这种"迎合力不好"是否会给周围人带来好的影响，答案当然是否定的。

有个成语叫"入乡随俗"。

即使不适应周围的气氛，也要坦然地"配合一下"，这才是成熟的人。

也就是说，如果周围的人都兴致勃勃，那么你也要配合一下大家，这就是所谓的"成熟的应对"。

但不管是"迎合力好"还是"迎合力不好"，都是不需要通过逻辑思考来进行的决策。

一般情况下，必然是"迎合力好"比较好。

我是一名活跃在企业第一线，帮助客户百分之百完成自己工作目标的咨询顾问。

而我们身为咨询顾问，在进入客户企业之后，要做的第一件事就是彻底改变该企业的"现场氛围"。

"为了百分之百完成目标，要先从完成工作指标开始。"

虽然我们在进行指导时会这样说，但是对大多数人，无论怎样和他们说，他们都无法跳出"维持现状的局限"。

"目标终究是目标，有时是无法实现的。"
"如果在力所能及的范围内做完该做的事，仍然无法达成目标的话，那也没办法。"

如果他们这样想，就不能对之前的行为方式进行改变了。这和去了摇滚演唱会却抱着胳膊坐在那里发呆的观众是一样的。

但是，也一定会有一部分人没有陷入这种维持现状的局限之中。

他们就是社长和新人。

作为社长,会希望从根本上改变公司的现状,所以他们自然不会陷入维持现状的局限之中。而新人由于没有太多职场经验,所以也自然不会被这种局限所影响。

社长和新人是很相像的,他们坦率、纯洁。

因此,他们会毫无杂念地认为:"既然要做,就不要说这说那,只管努力吧。一定要达成目标,那样肯定会很开心。"

于是他们就会很配合我们顾问的强硬工作方式。

自立,意味着用自己的脚站立。如果上司和同级前辈的"理所应当的标准"很低,你就必须养成独立判断的习惯。

你无须配合周围所有人、事的步调。

但是,你需要自己根据不同情况灵活掌握,要明白"什么时候需要配合一下"。总的来说,比起"迎合力不好"的人,"迎合力好"的人在事业上更容易取得成果。

24　不要"一致的步调",而要"配合的步调"

你不必时时刻刻都是个"迎合力好"的人,但那些"迎合力不好"的人在人际关系上往往会受到"迎合力不好"的负面影响。

因为这就像在说你"不能融入周围的氛围""无法完成别人的委托"。

你并不需要和别人保持"一致的步调",但如果你不能"配合别人的步调",那么在工作中就会出现麻烦。

但是,很多人"迎合力不好"是因为共情能力比较低(比较迟钝),他们有时并不明白由于自己的"迎合力不好",会给周围人带来怎样的影响。

因此,针对"迎合力不好"该如何改进,本书在这里总结了平时应该注意的三个要点。

①不要只考虑好处;

②不要只考虑自己想做的事;

③不要只考虑等价交换。

关于第一点,如果平时不管做什么事情都只考虑"有什么好处""能给自己带来什么好处",并且以此为标准去判断事物的话,人的格局就会变小。

比如,旅游时和大家一起进了特产店,你可能会考虑"买些特产送给别人,对自己能有什么好处"。

那样的话,你就会成为周围人眼中的"另类"。

第二点"不要只考虑自己想做的事"也一样。

平时做决定时,不习惯考虑和别人"一样不一样""合不合拍"的人,在关键时刻很难配合周围的人。

第三点"不要只考虑等价交换"也是如此。

如果总是考虑"做这件事能从对方那里得到什么""能有什么回报"的话,可以说这个人的"迎合力"是不好的。

有人偶尔会说:"就算我做了这件事,也不会有人给我涨工资啊。"

如果他们明白这句话会对自己的工作环境带来多么不好的影响，就绝对不会说了。

你需要时常想"这件事，我就配合一下吧""我调整一下步调，和大家一致吧"。

在你年轻时，还没有树立起自己"理所应当的标准"的时候，配合周围的人，先受到大家的欢迎，这一点很重要。

这样才能逐渐树立起自己的标准，判断出"这件事上我太过于顺从了""我不应该应承这个人的委托"等。

新人的两大优点之一是"坦率"，换言之也就是"迎合力好"。

"迎合力"，有时比道理更重要。

不要像条件反射一样说"但是""可是"，要调整自己的状态，提升自己的"迎合力"。

对上司说的话，总之都要先去"迎合"。

别人建议你做的事情，总之先去试一试。

从工作的推进方式到软件的使用方法、记笔记的方法，甚至是常备的口香糖之类的，不管什么事，都先"迎合"下来，并试着模仿一下。

这不仅限于工作范围。

如果在闲聊中，上司说"那部电影太好看了"，那么你就说"是吗？那我今天下班后去看看"——你可以真的去看看。如果上司说"那本书非常有意思"，那么你就说"是吗？（当场搜索）是这本吧？"，并且立刻买一本。

然后，哪怕只是简单的一句话，你要向上司反馈你的观后感："那个电影／书真的特别好看！"

你的这种"坦率"会在上司面前展现出极高的价值。

25 不要"烦恼",而要"思考"

如果混淆了"烦恼"和"思考",你就会白白浪费头脑和时间。

所谓思考,就是"处理数据,得出答案"。我们试着从"大脑功能"开始,深入研究一下。

大脑在处理信息时,主要会使用三种记忆。

第一种是"**短期记忆**"。

这种记忆也被称为"**工作存储器**",它储存着你频繁使用的信息,是一个信息储藏库。对于这些信息,你可以不假思索地、条件反射性地做出回答。

比如,你在某个网球学校训练了好几年,那么到学校的路应该已经印在你的脑子里了,不需要总是查地图和路线。

"姓名""年龄""家庭构成"等基本数据,还有"早餐一定是面包和咖啡"等日常习惯方面的信息,都属于短期记忆。

如果要提高自己"理所应当的标准",锻炼自己的"工作存储器"

是非常重要的。因为那些"理所应当"的事情，换句话说，就是不需要进行思考的事情。

第二种是"长期记忆"。

它就像一个"脑内图书馆"，虽然不经常使用，但是会存储你过去学到的知识、信息等数据。

这才是"思考"时使用得最活跃的记忆。

比如，你每周都去网球学校，但是棒球场只去过那么几次。当你要去棒球场时，就会回想"怎么去来着"，然后调动你的长期记忆，这就是"思考"的过程。

如果怎么也想不起来，你就需要看地图了。

这就是第三种记忆，即"外部记忆"。

这种记忆是指当你要得出某件事的答案时，需要从大脑的外部获得相关信息。可以说，外部记忆会在使用长期记忆思考的过程中起到辅助作用。

然后，你在思考时使用的是长期记忆和外部记忆，这时，"切入点"是很重要的。

无论是长期记忆还是外部记忆，都积累了庞大的数据，它们都需要用相关线索和提示才能调出来。

三个记忆装置

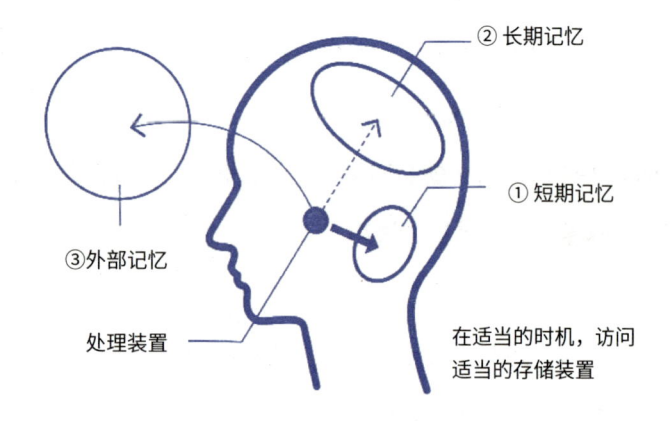

② 长期记忆
① 短期记忆
③ 外部记忆
处理装置
在适当的时机，访问适当的存储装置

例如，有人问你："上周四早上你吃了什么？"你会回想："嗯……周三在东京有个研讨会，我住在东京的××酒店，所以周四的早餐吃的是酒店自助餐，有面包和咖啡。"

为了导出"上周四早上吃的东西"，你思考的"切入点"是"日程安排：研讨会"和"地点：东京的××酒店"。

这就是思考的"切入点"。如果你想不起来，就会追溯日程表

第三章
职场跃迁法则

等调动外部记忆。

假设，上司给你提出一个"提高某商品销售额的活动"的课题。

你这时是不能依赖"灵光一闪"的。

你需要通过"思考—得出答案"的过程来解决问题，而思考也需要一个"发散和收敛"的过程。

通过大量设置"切入点"，从长期记忆和外部记忆中快速地获得数据（发散），然后进行细致的调查（收敛），就可以得出更加准确的答案。

而所谓的"灵光一闪"，只能用于短期记忆中的部分信息。

能通过"灵光一闪"想出好点子，是极少数天才才能做到的。

因此，我们要运用长期记忆和外部记忆来"思考"。

那么，"提高某商品销售额的活动"有什么"切入点"呢？

本书推荐你这时按照"4W2H"[①] 来思考。

"面向谁？=面向家庭""在哪里？=大型广场""什么时候？=周日白天"等。把这些问题作为切入点进行思考，就会得出以下

[①] 4W2H即Why、What、Who、When、How、How much。

答案："××车站前是有一个大广场""上网查一下"等，这些问题的思考就是发散。

切入点越多，就越能从长期记忆和外部记忆中收集到详细、准确的数据。而且，如果找到了正确的切入点，思考时也不会花太多时间。思考出"干货"的时间，一般情况下，最长也就需要10分钟。

反过来说，花了一两个小时都在想来想去的人，只是在"烦恼"而已，并没有在"思考"。他们没有任何思考上的切入点，脑子里只有上司给的课题在绕来绕去。

你可以通过外部获得需要的信息，这时重要的并不是"知识量"，而是"切入点的质和量"。

网络上充斥着数不清的信息，但不会合理设置思考"切入点"的人，是无法获得所需信息的。

你要设置出更多准确的思考"切入点"。

你可以把你的课题写在一张纸上，并在上面不断粘贴写有切入点的标签，以此来强化自己头脑。

26　要培养"脑力"

前文写过,刚进入职场的时候,你会有种被丢进洗衣机里的感觉。

最开始的一段时间,你会被周围的人折腾得晕头转向。

虽然这也有可能是周围人的工作方式有问题,但在很多情况下,这其实可能是你的"体力"问题。

这里的"体"指的不是身体,而是大脑,即"脑力"。

筑山节在《头脑清醒的15个习惯》中写道:

"当人处于某个地方时,无论是公司还是学校,都不能缺少被别人所驱动的环境。如果人所处的环境中没有任何强制性驱动,那么不知不觉间,人就会按照大脑的更原始的功能——情感系统的要求进行活动。"

如果你每天不在规定的时间起床,不去上学,不带着紧张感学习，不好好锻炼身体，每天过着懒洋洋的生活，那么单是"适应职场环境"这一点就会使你身心俱疲，而这与你工作的难易度是没有关系的。

毕业后不找工作或工作不稳定的人，会更缺少这种"脑力"。

大脑"情感系统"的欲望，是高于主管理性的"思考系统"的，它会更多地支配你的思考，所以你容易对上司的指示、要求反应过度。

如果你不能控制大脑的"情感系统"，就会搞不懂上司的指示、要求本身的意思，然后抱怨、不满，甚至有时会冲动地做出消极决定。比如：

"就算进了这家公司，我也感觉不到什么意义。"

"如果不让我做自己想做的事，那我不知道我为什么要进这家公司。我想辞职……"

有时即使你心里很明白，也不能很好地控制自己的情感。其原因之一就是你的"脑力"下降了。

人的大脑只能将注意力集中在一件事情上。

因此，不要想有什么意义、没有什么意义，你只需要在有限的时间内，有条不紊地完成分派给你的工作，把它们一件一件做完。在这个过程中，你大脑的"思考系统"就会得到锻炼，从而上升至高于"情感系统"的位置上。并且你也能再次确认自己的"理性"。

进入职场最开始的一段时间，如果你长时间内都无法整理思绪，或是常常感情用事，也无须慌张，先踏踏实实地做好眼前的事情。

给自己规定一个短暂的时限，好好完成手上的工作，你的"脑力"就会得到锻炼，也就能冷静地判断事物了。

在提高"理所应当的标准"的基础上，增强"脑力"是非常重要的，不要忘记这一点。

27　在"口号管理"中加入"数字"

在工作中,不管是什么事情,都少不了"具体化思考"。

具体化思考就是指"定量"思考。把交给你的任务不断进行分解,最后落实到"数字"上。

需要注意的是,上司未必总是给你下达明确指示。有很多上司并不善于明确地用语言布置工作任务。

比如"把这个数据录入一下""把这个资料归一下档"等,这些属于明确的指示。

但是,也会有很多让你不明白该做什么、怎么做的指令。

比如,"与生产制造部之间的沟通更密切一些""把报告、联络、商谈做得更彻底一些"等类似口号的抽象指令。

像这样总是使用口号性语言下达指令的现象,叫作"口号管理",可以说是管理不善的典型。

只有社长可以经常把口号挂在嘴边。

社长不会对企业的基层员工下达具体指示。反而可以说,以口号表达"态度"是高层管理者的作用之一。

"今年,我们要彻底进行一下意识改革。"
"我们要提高一下客户的满意度。"

对这样的口号,制订具体"应该如何实现"的计划,是中层管理者的职责。

但是,如果连这些中层管理者也用抽象的口号下达指令,你该怎么做呢?

比如他说:"本期的发展方针是意识改革。你们也要按照社长说的那样,彻底改革一下自己的意识。"那么你是无法列出实现口号的具体计划的。

口号不是脚踏实地的东西。

管理者在公司内给部下下达指令时,应当尽可能地细化、明确。而像这样单纯的"传话游戏"似的语言,只会使工作无法落到实处。

假如上司指示你"把报告、联络、商谈做得更彻底一些",那么你究竟该如何去执行呢?

并不是要每周报告一次"我彻底地做了"。那么,是每周报告两三次,还是每天报告一次呢?

像这样,在有了自己的想法之后,你就可以向上司汇报:"关于前几天您说的本期主题,我是这样想的……您觉得可以吗?"然后,你就一点一点付诸行动。

口号如果只是口号,那就只不过是一些华丽的辞藻而已,也就是看不见实体的话语罗列。

如果在口号中加入"数字"这个实体,那么你应该做的事情就会变得更加明确。

恐怕能做到这种程度的人很少,所以上司可能一开始会惊讶地说:"你竟然想了这么多啊?"

但过后,上司看到你对他的指示有着这样认真的态度,也会有助于你们之间建立信赖关系。

因为你拥有较高的"理所应当的标准",所以上司也会对你投以信赖的目光。

28　设定"目标关卡"和"达成关卡"

"我会成为工作做得更好的人。"
"我要进一步加强销售能力。"
"因为我的开发能力较弱,所以要进一步加强。"

你觉得这些话的共同点是什么?
——没错,它们都是模糊不清的,并没有体现出具体要做什么。

那么,我们再往深层想一下。
模糊不清的原因是什么呢?是因为它们都使用了"更""进一步"这样的比较级词语,和"强""弱"这样的比较形容词。
我会在提供咨询时把这样的语言称为"调味料语言",让对方尽量避免使用。

"调味料语言",正如它的名字一样,人们只会在一瞬间感受到它"辛辣"的刺激,但之后并不会发生任何变化。因为它只是单纯的"调味料",所以请把它当作一种没有"内容"的"菜"。

如果总是说这种"调味料语言",别人就会认为你是个"只说不干的人""什么都干不成的人"。

同时,"强化""效率化""彻底""积极地做"等抽象词语也不好。

要注意语言的使用。如果你经常把这些话挂在嘴边,那么你的工作将无法落到实处,也就不会取得什么成果。

因此,请把"调味料语言"剔除出你的生活。

另外,不仅仅在职场上,就算是日常生活中的小事,如果你能制定出具体的"数字目标",就能更加接近成功了。

无论什么目标都能完成的人,原本就有着设定具体目标的习惯。

比如我,我有跑步和走路的习惯。

以前我会把目标设定为"为了健康,尽可能多地跑步"。但因为它是个抽象的目标,只要哪天稍微有点忙或者天气不佳,我马上就会放弃,于是跑步的距离完全没有增加。

因此，我后来设置的最初的数字目标是"一个月跑 30 千米"，但过了一段时间后发现，即使一个月跑 30 千米，对保持健康也没什么作用。

后来，我把目标设定为 80 千米、90 千米、100 千米、130 千米。在尝试了很多种可能性之后，我这几年一直把目标设定为"一个月跑 100 千米"。

虽然每个月天数不同，但目标全都设定为跑 100 千米，这纯粹是因为 100 这个数字比较好记。

我以前还想着"1 月份和 3 月份跑 110 千米，2 月份跑 90 千米，4 月份跑 100 千米"等，根据每个月的天数稍稍改变目标。但实际上，无论是 100 千米还是 90 千米，跑步的辛苦程度都是不会变的。

并且，因为我知道周围的人会监督自己，所以一律设置成了"一个月跑 100 千米"这样简单明了的目标。

而当你说"我想再瘦一点""我想成为工作做得更好的人"时，即使有目标，你也无法客观评价到底达到什么水平才算完成了目标。

不管对还是不对，总之在做一件事时，**你不设定目标就无法**

推进。我希望这一点能成为你的"理所应当"。

请试着给自己设定一个目标。

一旦有了"目标关卡",你就能渐渐明白设定什么样的目标才容易完成,从中总结出诀窍。

"现在我体重 63 千克,我想在一年之内把体重减到 55 千克。"

"上司每个月只会交给我一项比较重要的工作,我想努力把这个数字增加到每个月 5 项。我想成为像 A 那样能干的人。"

这样一来,你就有了"设定关卡"。

"像 10、100 这样简单易懂的数字比较适合自己。"

"把目标设定为具体的数字,比设定为比例更加适合我。"

像这样,你会逐渐找出适合自己的目标设定方法。

决定了想做的事、该做的事之后,你可以将其当作玩游戏,先试着设定一下目标。每天这样做,你就会找到"设定关卡"。

有了"设定关卡"之后，接下来就是"达成关卡"了。

有了"设定关卡"的人，也会有"达成关卡"的人。

因为，如果设定目标成为了你的"理所应当"，那么你最终达成目标也是"理所应当"的。

最开始时，你可以先设定一个低难度的、定量的目标，然后逐一去完成。

这样,你自然而然就会有自信。这也会切实帮助你提高自己"理所应当的标准"。

29　改变语言，思考方式也会随之改变

人的思考方式在很大程度上会被"使用的语言"所左右。

明白这一特性之后，当你进入职场时，获得成长的方法大致可分为两种。

其中一种是**通过改变语言来改变思考方式**。

常使用积极语言的人，其思考方式也会变得积极。思考方式越是积极的人，其平时的语言也会变得越积极。

相反，常使用消极语言的人，其思考方式也会变得消极，并再次体现在消极语言上。即使他想摆脱消极思考的束缚，改变不好的思考方式，也无法改变自己的固有观念，因为人的思考习惯会在"碰撞 × 次数"的过程中形成。

思考方式是不能直接改变的。但是如果改变语言，其效果是立竿见影的。

你要先改变自己"说"的内容。

例如,认为"自己做不到"的人总会说"做不到""太难了"之类的话。

有的人"理所应当的标准"明明并不低,但若总把"做不到""太难了"等话挂在嘴边,他的水平就会在不知不觉间下降。

这时,只需要把这些话换成"总之试着做一下""这次做不到就下次再努力"等就可以了。即使做得不顺利,你"理所应当的标准"也不会降低。

在更高层面上,利用语言和思考方式的相互作用进行改变的另一种方法,是不使用老生常谈的说法,而是去积极尝试、使用有创新性的说法。

比如,很多人都说过"踏踏实实干工作"这样的话,其实这属于老生常谈。语言这种东西,说得越多,就越不能打动人心,给人的冲击力接近于零。

那么你呢?

当有人对你说:"无论做什么都要踏踏实实地去做,这样才能不断取得进步。"这时,你会不会顿悟"原来如此"呢?你会不会从这句话中收获优质的参考因素呢?

我想,人们听了这话只会想"这我当然知道了"。

有很多事情本来是很重要的,但因为它并未在人们心里激起什么涟漪,所以很多时候只是被当成了口号。

这时,你需要思考一下"'踏踏实实'到底指的是什么"。

从具体、细微的工作开始积累,这就是"踏踏实实"。

这样一来,不久就会产生很大的变化,于是大家都会重视"踏踏实实"。因此,所谓的"踏踏实实",也许可以想象为对一条粗水管不断进行冲击,并最终使它弯曲。

我经常说,要想产生变化,"碰撞 × 次数"很重要,这也可以说是一种"踏踏实实"。

正如你所见,这只不过是换了种说法而已。

但是,由于这个说法的改变,之前意思模糊的语言又带着新鲜感对大脑进行了刺激。虽然大脑只是对语言的新变化做出了反应,但这会影响到你的思考方式,进而改变你的行动。

如果你只是对别人说"你要踏踏实实地干",那么对方的反

应只会流于"对,这一点很重要"。但当你说"碰撞 × 次数"时,对方就会问:

"碰撞是什么?"

"次数是指什么次数呢?"

这种反应会促使人们进行思考。

多使用积极的语言,大胆使用具有创新性的词语。

像这样,利用"语言"与"思考方式"的相互作用进行改变,也是一种成为优秀职场人的自我锻炼方法。

30 使工作"切实可行"的方法

"这个工作看起来很花时间。"

"这个工作大概需要 5 个小时。"

这两种说法,你觉得哪个更容易去制订计划呢?或者,哪个更容易着手去工作呢?

答案都是后者。

我经常说"把感觉数值化"。

本书也介绍了把感觉上的语言落实到具体数字上的思考方法。

把对一切的感觉都转换成数字,思考时不是"定性",而是要"定量"。

我称之为"尺度技巧",这是使工作变得"切实可行"的固定技巧。

"时间感觉"也不例外。

用前文的例子来说,"很花时间"是非常感性的。这样一来,既无法制订计划,又会增加心理上的畏惧感。

因为"很花时间"等于"不知道什么时候结束"。

而如果有"5个小时"这样的具体数字,就可以具体地制订计划,比如"10点到12点工作,然后吃午饭,再从13点做到16点就能结束了"。

这样一来,心理上的畏惧感就会减少,同时也可以快速开始工作。

这就是尺度技巧产生的效果。

我认为,在初入职场时,新人还不能很好地把握自己在多长时间内完成什么样的工作。

比如,上司突然说:"你能帮我弄一下这份分析资料吗?"

如果你是第一次做,那么你并不能估计出工作时间是30分钟还是1小时,或者3个小时,这很正常。

这时的你,还处于一个"无法估计工作时间"的水平。

但是,即便你这时还是个新手,也不能以此为借口去慢条斯理地进行这项任务。因为这样的话，估计你就会被上司斥责："弄个资料要花多长时间啊？！不能再快一点吗？"

被斥责是因为你没有达到上司的"理所应当的标准"。

为了有效地使用时间，自我管理很重要。

但是把握不好自己工作量的人，在很多时候是无法按照计划推进工作的。

即便计划"明天 10 点到 11 点做这项工作"，也无法根据经验判断出"这项工作用 1 小时就能完成"。

于是所有的事情就都会像这样，即便制订了计划也无法按照计划进行，并且这样的事会不断重复。

因此，在刚进职场时，我建议不要只是在日程表上制订"计划"，而是要"记录"你的一天。

在记录工作时，你要以小时或分钟为单位，清楚明了地记录下自己在什么事情上花了多长时间。

关于如何选择日程表，我觉得那种垂直印着时间轴的日程表使用起来比较方便。如果是写当天要做的事情，只需在日期的空白栏上写出内容，具体的时间可以保持空白，随后开始工作。

到了一天结束的时候，你要沿着时间轴，记录当天实际做了的事情。

完成一天的"记录"之后，你就可以明白"这个录入工作用30分钟就完成了""一开始并没预料到弄这个资料需要进行细致的调查，所以花了2个小时才完成"。这样一来，你就可以明确每项工作花费时间的具体标准了。

甚至，你会在不知不觉中意识到自己效率低的原因，如："我光是读工作手册就花了2个小时，这是因为下午犯困了"。

于是你就可以思考具体的应对方法，比如："吃完午饭后，不做需要'阅读'的工作"。这样一来，你就可以马上开始自我管理了。

你应当努力做好分配给你的各项工作，并且记录下来。

然后，你以前需要花费2个小时的工作就会慢慢变成需要花费1个小时，乃至40分钟。通过总结工作要点，你会切身体会到自己的"成长"。

这些都是小的成功经验，而通过增加小的成功经验，你"理所应当的标准"就会提高。

"这个归档大概1个小时就能完成。"

"这些数据录入大概30分钟就能完成。"

一旦你估计出了花费的时间，接下来就是实践了。

这时，我推荐你用一下"厨房定时器"。

假如你预计"这个工作需要30分钟"，那么就把计时器设定为"30分钟"，然后开始工作。

这样就能实际计算出自己是否能按预计的时间完成了。

当你心里想着"在计时呢"，你的精力也会集中起来，并且会一直保持适当的紧张感。即便你没有在预计时间内完成，也不会浪费时间。

工作结束后，你应对工作时间再进行一下验证。

"归档30分钟就完成了。"

"数据录入花了45分钟。"

这些验证内容又会成为新的数据,对下一项工作的时间预计有所帮助。

刚进入职场时,要对工作进行"记录"。

记录一段时间后,你要"预计时间"。

通过反复进行预计、实践和验证,你的"尺度技巧"的准确性会不断提高,自然而然地就能进行自我管理了。

31　锻炼观察能力就能判断出差异

一流的职场人,除了强大的思考能力、高效的执行能力之外,还应该具备敏锐的观察能力。

你需要判断出什么是好的、什么是坏的,什么是正确的、什么是错误的,什么是顺应时代潮流的、什么是与时代潮流背道而驰的。

在商业领域,判断出"差异"是成功的关键。
在日常生活中,我们随处都可以锻炼自己的观察力。
在这里,给大家介绍两种利用数字提高观察能力的方法。

第一种:确定一个主题,然后在一天之中进行观察并计数。
比如,你决定今天要留意"红色"的东西,那么就要对一天之中看到的所有"红色"进行计数,并做笔记。

于是，之前在你眼中并无特别的风景，通过这番对"红色"的寻找和观察，就会变成包含着"有意义的信息"的风景。

在这个过程中你会注意到："早晨喝咖啡的马克杯上画着红色线条；上班时坐的电车是红色的；车厢里站在我旁边的人拿着一把红色的伞；同事用的笔记本是红色的……今天一整天，我一共观察到了139处'红色'。有意识地去观察一下，没想到生活中有这么多'红色'啊……"

通过有意识的观察，你会注意到之前没有注意过的事情。能够轻松获得"观察效果"正是这个训练方法的优点。

你"能看到什么"在很大程度上取决于你"想看到什么"。

越是和自己想观察的事情相关的信息，你越容易注意到它们。

这在心理学中被称为"选择性注意"。

你观察的对象并不仅限于颜色，也可以换成其他的。

比如，"今天要观察50岁以上的人"。

这个主题比"颜色"稍微难了一点。因为与一眼就能判断出的"颜色"相比，年龄是个比较抽象的东西。

你不仅需要观察对方的脸，连动作、服装等也必须观察到，这样才能综合判断。

可以说，这需要更高层次的观察能力。

第二种锻炼观察能力的方法是观察上司的心情。

你需要仔细观察上司的表情、神态、说话方式、行为举止，然后通过这些信息综合判断上司今天的心情是好还是坏。

这个方法除了可以提高观察能力以外还有一个优点：你可以根据上司当天的心情，去判断自己应当注意些什么。

另外，从最初的信件到电话，再从电话到电子邮件，现在的通信方式越来越迅速、简单，这确实提高了商务工作的效率。

因此，人与人直接见面的机会也减少了。

正是因为无法直接看到对方，所以有时你会感觉在沟通时很难揣测对方的心情。

特别是到了移动互联网时代，朋友之间也都是用短信或社交网络等即时通信手段交流，连打电话都很少了。

但是，从"文字"这一视觉信息中获取的东西，其实是相当有限的。

工作上的交流就更不用说了，那都是没有表情包、"颜文字"

的枯燥无味的商务邮件。

即使想通过邮件揣测对方的意图，可观察的线索也是很少的。

最近在有些公司，部门间使用邮件联络也成为了趋势，但我觉得很多事情还是直接去找对方，面对面说比较好。

因为和对方面对面交流，也是一种"**现场体验**"。

例如，对其他部门的咨询或委托，可以用邮件传达概要，然后直接去找对方，详细说明"刚才发邮件说的那件事"。

收到其他部门的邮件时也一样，你可以直接去找对方聊一下。

即使回答同样是"我知道了"，但是当你和对方面对面时，你就可以观察到"好的！我知道了"和"好吧……那我知道了"之间细微的差别。

你需要在公司中多走动、多熟悉，要尽量和别人面对面交谈，这也能提高你的反应能力和观察能力。

观察能力是与人际技能息息相关的能力。如果观察能力较差，那么即便你想和周围的人步调一致，也是很难做到的。如果你想要和同事、上司之间构建信赖关系，太过迟钝是不行的。

32　不要掉进"一般化"的陷阱

你知道职场人在磨炼工作能力的时候,最大的敌人是什么吗?

那就是自认为"明白了""知道了"。

明明只看到了事物的一方面,却觉得自己什么都明白了,这种先入为主的观念很多人都会有。

我把这种情况称为"一般化"。一旦掉入这个"一般化"的陷阱,你就会丧失观察能力,无法准确地捕捉事物全貌。

别人让你"勤去工作现场看看",那么你就去了一趟。在那里转了一圈之后,你渐渐看出了些门道。于是你就自以为是地认为"是这样啊,原来如此",之后就再也不去现场了。

这是不应该的,你不能过早地自认为"明白了""知道了"。

即使你积累了经验,但如果它们都是同一种类型的,你的这种"一般化"属性就会变得越加明显。

我父亲在退休之前一直在街道工厂工作。

他 60 多岁了，但仍要在 30 多岁的小组长的指导下操作起重机。偶尔要加班时，工厂会发给他奶油面包，但他不会把面包吃掉，而是带回家。

父亲就是这样一路走来的。于是在我频繁加班的一段时间，他经常会一边喝酒一边问我："你加班时公司会给你奶油面包吗？"

我说："不给。"

于是他愤愤不平："这是什么公司啊！现在这些公司，加班时连面包都不给的吗？"

父亲已经走进了一种极端的"一般化"之中，所以在我加班时他经常对我说："公司给加班的人发面包是理所应当的。"

这种先入为主的想法是很难摆脱的。

有的人在进入职场有了一点工作经验之后，就会认为"工作不过就是这样"。

产生这种错觉的原因，并不仅仅是经验尚浅。

充分调动你的感官，去各种各样的工作现场实际体验是很重要的。

这样一来，那些之前看着并无二致的参考因素，你就能慢慢分辨出其中的差异了。同时你也能渐渐判断出各种差异，并且得出客观的结论。

在这个过程中，你需要注意两个地方。

①自己不能变得"一般化"；
②分辨出已经"一般化"了的人。

你要避免武断、草率地做决定的毛病，这很重要。

为此，你需要积累一定数量的实际工作经验，所以职场对于那些工作一两年就辞职的人很是苛刻。

因为人们都会觉得，通过在工作中积累的经验，你本应该能够从其他角度观察事物、做出判断了。

另外，老员工中也有"一般化"严重的人，他们常说：

"最近的年轻人都没什么霸气啊！"
"这样就想成功？没听说过！"

这种成见较深的人，观察能力会明显下降。

因此，你不仅要审视自己，也要好好观察一下周围的人是否掉入了"一般化"的陷阱中。

33　不要觉得"不过是仪表而已"

职场新人需要慢慢熟悉业务,所以刚开始时工作能力较低是很正常的。想要做出显眼的业绩让周围人另眼相看,并不是件容易的事。

对这时的职场新人来说,增加"印象分"是很重要的。

特别是在通过"业绩"赚到"分数"之前,你需要通过给周围人留下好印象来增加自己的"分数"。

这并不是说你要刻意去做什么事,而是要注意一些细节。

首先,你的仪表要保持整洁。

干净清爽是一个大前提。你要看看自己是不是胡子太长了、衬衣的袖子有没有弄脏、头发是不是太长了、是否有头屑、鼻毛有没有露出鼻孔,等等。

其次,你应该注意着装。虽说员工穿职业套装是常识,但你也要观察一下周围的人,不要显得过于格格不入。

你不要觉得这"不过是仪表而已",你可能就是因为这个"仪表"而被扣掉印象分。这样的话,岂不是太吃亏了?

你在求职时应该会很注意自己的仪表。入职之后,你也要把这个习惯一直保持下去。

除了仪表,遵守基本礼仪也是理所应当的。

坐电梯时,自己比上司先进去,并站在电梯按键处等待,这些都是"理所应当的事情"。是否能够做好这些,和周围人对你的印象有着很大关系。

这时我希望你一定记住一件事,那就是以**"旁观者视角"**评价自己,即能从客观的视角判断出自己的行为会给他人带来何种影响。

作为一名为企业提供咨询的顾问,为了帮助他们百分之百完成目标,我会仔细观察企业中的人。

观察到了一定"量"之后,我渐渐总结出了一些特征。

其中一个就是"工作能力强的人,开完会后一定会把椅子恢复原位"。

在业绩不好的企业中，人们研讨结束离开之后，房间里的椅子一定是横七竖八地摆在那里，喝完的饮料瓶和咖啡罐也会留在桌子上。

总而言之，在人们离开之后，会场给人的印象就是"脏乱差"。

而在干劲高涨的企业中，人们研讨结束离开后，会场是"整洁干净"的：使用过的椅子会整齐地放回桌子底下，桌面上也没有留下什么杂物。

不仅在会场，这种特征在办公室中也很明显。

工作能力强的人，即使办公桌上堆着文件，也会把椅子好好地收在桌子底下。

这种现象是单纯的偶然吗？还是确实有着某种因果关系？

我问了某位经营者之后，得到了对方极其明确的回答："这要看他是否有旁观者视角了。"

原来如此。

也就是说，这些人之所以会把椅子归到原位、开完会后不在桌面上留下东西，是因为他们觉得"这样做的话，周围人的心情也会舒畅"。

当你离开后，工作场所是干净还是脏乱，说到底只是一种表象。其根源在于，你有没有"旁观者视角"。

因此，这并不是说你"只要养成收椅子的习惯，就能成为工作能力强的人"。

而是"如果你有'旁观者视角'，就会自然而然地把椅子归回原位"。

这么想的话，无论是注意仪表也好，遵守基本礼仪也好，总之你需要有"旁观者视角"。这并不难理解吧？

有了"旁观者视角"，你就会自然而然地做出给周围人留下好印象的行为。

于是别人对你的"印象分"也会增加，比如"这个人，无论是举止还是办公桌环境，都能让人心情愉悦"，等等。

第四章

为了无悔于人生

34 要明确区分"发生型目标"和"设定型目标"

目标可以分为"发生型"和"设定型"两个类型。你要学会明确区分这两者，这很重要，理由有两个：

第一，明确区分目标的类型，你才能保质保量地完成应该做的事情。

第二，可以在被分配了过多的工作时保护自己。

发生型目标，即"正在发生的目标"，指的是上司指派给你的工作、公司分配的任务。

比如，"这个月的销售目标是达到 1 000 万日元""把投诉控制在 3 件以下"等。因为这些都是理所应当的工作，所以你无法判断这些任务的好坏。

而设定型目标是指你自己"设定的目标"。

比如，"着眼将来，我在 3 年之内要通过注册会计师考试""每月提出 2 次改善意见"等。

如果发生型目标是水平向量，那么设定型目标就是垂直向量。

在做好分内事的基础上，再增加一些设定型目标提升自己工作的动力，你一定会得到别人的信赖。

设定型目标是根据自己的意愿来设定的，虽然可能会很辛苦，但大部分时候你都能愉快地去做。

对目标进行区分之后，你就能明白做事的顺序。

你应该先完成的是"发生型目标"。

如上所述，努力完成"发生型目标"是你的分内事，这和你的动力、热情没有关系。

明明是公司规定的任务，有些同期同事和前辈却缺乏积极性，那他们就属于"理所应当的标准"低的人。

你要注意，和这样的人在一起，你们的思考方式会渐渐相似。

"发生型目标"是分内事。

因此，你要主动设定"设定型目标"，常与努力提升自我的人在一起。这样,你就会被他们影响,进而提升自己的水平。

但是在你拼命工作的时候,上司也有可能会来"麻痹"你,让你超越"发生型目标",给你更多的工作任务。

虽然这并不是要你对上司恶意揣测,但你也要注意。

比如,上司说"没想到你这么快就能完成工作,那再给你些新的任务你也应该能完成""1 000万日元的销售目标已经轻松完成了,那么下个月开始把你的销售目标定为2 000万日元"等,像这样,上司给你的目标会逐渐升级。

虽然你需要和对方步调一致,但如果要完成目标过高的工作,就会给你自己带来不必要的损耗。

如果这些工作在物质上、精神上剥夺了你自我提升的空间,就会妨碍你今后的成长。

下属要服从上司的指示,这是应该有的态度,所以对上司说"不"是需要勇气的。但无论是谁,能承受的工作量都是有限度的。

如果你觉得"这不正常""这不合理",就要拿出勇气,诚实地告诉上司。

35 工作的"习惯"占八成,"冒险"占两成

比起从书本和别人那里学习的知识,自己从亲身实践中体悟到的知识更容易被你记住。

这和前文说的"参考体验"一样。

特别是数据的录入和分析、数字的计算和检验等技能性工作,必须不断地积累经验、努力掌握。

这属于"撞击 × 次数"中的"次数"部分。

不要只是看着别人做,只有自己去实践那些"次数",你才能高效地完成工作。

完成自己以前做不到的事情,并把这种能力变为你的"理所应当"。

虽说如此,即便你把应该记住的东西全部记住,并且能纯熟应对了,也还没有到达终点。

当你工作熟练时就会失去"工作的喜悦",所以最好不要认为

这就是终点。对于技能性的工作，一方面你要不断地掌握、熟练，另一方面也要保持挑战新事物的热情。

这两者的比例为"习惯"占八成，"冒险"占两成。

人最根本的快乐来源于"之前做不到的事情，现在能做到了"。

因为每增加一件力所能及的事情，我们都能感到自己的潜力还没有枯竭，还可以对未来抱有希望。

把这一点用游戏来类比会比较容易理解。

比如，目前为止你的最高分数是100万分，那么之后玩游戏时你也会同样以100万分为目标。

走同样的路，打倒同样的敌人，打到同样的分数，如果把这些设为目标，你自然会失去乐趣，因为你只是在靠惯性玩游戏。

工作也是一样的。要想体会到乐趣，你就要去挑战不习惯的事和未知的事。

"能做到自己想做的事"，这样的话，你会觉得幸福吗？其实那是错觉。

如上所述，这是"刺激驯化"心理现象在起作用。一旦习惯了刺激，它就无法再刺激到你了。

同样，如果你做的是自己喜欢的工作，就体会不到工作的意义。

无论做什么工作，能感受到"成长"，人才会觉得幸福。

不要忘记：人最根本的快乐来源于"之前做不到的事情，现在能做到了"。

因为"成长的感觉"="工作的喜悦"="人的幸福"。

刚进入职场的时候，单是那些基础工作就够你拼命学习了。但当你能够熟练搞定那些数字时，总有一天你会"习惯"工作。

问题是，一旦你对工作完全习惯以后，那么你该如何进一步发挥自己的潜力呢？

你是沉溺于"习惯"中，还是保持着挑战精神，对你未来的影响会大不一样。

正因如此，我希望你无论在工作中多么熟练，都要留出两成冒险的空间。

要积极去争取机会、去进行挑战，永远追求人最根本的快乐。

只要保持"两成冒险"，你的潜力就是无限的。

36　保持"谦虚"是不会出错的

人最好保持谦虚。

只有谦虚,才能让你去学习新的东西,才能接受别人的批评和指责,从而获得成长。

但是,也有人对"谦虚"有所误解。**真正的"谦虚"不是贬低自己,不是妄自菲薄。**

比如,被分配了一份重要工作时,有人会这样拒绝:"啊,以我的水平还远远不够吧……"

无端贬低自己、逃避重任,这与谦虚相距甚远,甚至可以说是一种傲慢。

作为员工,你的工资是公司发给你的,而发工资是为了让你发挥自身的能力和潜力。

但是有的人每个月拿着工资,不知不觉竟会觉得"给我发工资是理所应当的"。

因此，对自己身上好不容易显现出的潜力，你不要用"不，我还差得远呢……"等奇怪的逃避态度去应对。

上司下达任务的对象是下属，并不是志愿者。

完成工作是你对公司的义务。上司会认为"给你发这么多工资，你也要相应地完成该完成的工作"。

因此，你要努力完成分配给你的工作。

如果机会来临，你要积极去争取。

然后完成指派给你的工作目标，并做出成绩。

这才是"真正的谦虚"。

自由职业者在成功完成工作时自然会获得相应的报酬。但公司员工不同，他们的工资大多是固定的，每个月不会有太大的变动，于是他们就会渐渐变得麻木。

"就算我什么都不做，工资也会照付，那我就尽量让自己轻松一些。"这种投机取巧的想法一旦在脑海中闪现，是非常危险的。

因此，请你时刻铭记"工资是为了你的工作而支付的"。

公司所要求的"理所应当的标准"和你现在的"理所应当的标准",两者之间还是有差距的。

为了不辜负公司的期望,自己努力弥补这种差距,这才是"真正的谦虚"。

记住,"真正的谦虚"并不是妄自菲薄,也不是贬低自己,而是积极地去争取机会。

37 九成纠纷是由"歪曲"和"省略"造成的

可以不夸张地说,纠纷中有九成都来自对信息的"歪曲"和"省略"。

如果有一个人带着成见向你诉说一件事,即便他没有恶意,但如果歪曲了事实,或大幅度省略了事实,就会引发纠纷。

例如,某食品制造商开发并销售在超市售卖的熟食。

但是该产品的销售业绩总是上不去。于是上司指示你:"你去问一下给超市供货的批发商负责人,看看怎么回事。"

于是你立刻联系了该负责人,对方回答你说:"最近,超市对目标群体的设定转变成了单身人士。贵公司的商品更加偏向于面向家庭,所以销售额上不去。"

虽然这听起来很有道理,但盲目听从对方的意见也是很危险的,因为那个负责人可能只是想当然。

批发商自己有可能根本没有去超市。

如果信息被歪曲或省略,很有可能会在应对问题时出现重大错误。

我在给客户提供咨询服务时,像这样"先入为主""想当然"的人很多,于是他们说的话就会成为纠纷的根源。

为了准确把握事物状况,自己实际地去看、去听、去掌握是理所应当的。"现场感觉"是当你第一年进入职场时就应该意识到的一件事情。

越是多去工作现场,你的感官就越能得到锻炼,观察能力也就越强。

在职场上,什么是"理所应当"?某件事对公司来说是不是"理所应当"?这也是你直属上司的"理所应当"吗?

你必须把各种信息作为自己的参考因素,并将其与你自己的"理所应当的标准"相融合。

因此,观察能力是不可欠缺的。

环顾电车里的人们,有人会说"车里都是睡觉的人或者是看手机的人"。如果缺乏观察能力,那么在他眼里,所有人看起来都一样,这样的人并不能成为"懂得差异的人"。

最近这几年,观察能力下降的人非常多。这是由于让人们调动所有感官去分辨事物的机会在减少,智能手机、电脑、电话、电视等充斥着人们的生活。

确实如此。我们平时接触到的东西都过于偏重"视觉"和"听觉",而使用"触觉""味觉""嗅觉"的情景在逐渐减少。

培养观察能力的关键,当然在于用眼睛去"看"事物的状况和人的表情,用耳朵去"听"声音和声调,但其余三种感觉也是不可或缺的。

实际上,在日语中有"与人接触""感受气氛"的表达方式。当看到有人做出可疑举动时,也会说"好像嗅到了什么气息"。

"看""听""摸""尝""嗅"。

如果不让自己置身于"现场",我们的感官就无法发挥作用。

因此,和客户联系时不要只通过网络和电话,而是要亲自去现场感受气氛,和客户面对面谈话。

尽可能多地让自己亲临现场,调动全部感官,不歪曲事实,这也是重要的商务技能。

38　在职场中如何保护自己

刚进职场的时候，人们对工作并不了解，一切要从零开始。

虽然有的人并不会太过紧张，但是当人处于新环境之中，又要快速掌握新事物的时候，大多数人都会或多或少地处于紧张状态。

在这种情况下，你暂时不可能同时完成多个任务。

这时，你只专注于一件事是理所应当的，而这也是该阶段"理所应当的标准"，并不用感到羞愧。

在本书写作期间，"每月加班 100 个小时"的现象一时间成为了日本社会争论的焦点。

引起争论的导火索，是某大型广告公司的新人因为工作过于繁重而自杀的惨剧。

有人评论说："不过是每月加班 100 多个小时而已，这就过劳死了？"于是该评论遭到了其他人的集体炮轰。其实，这件事的根本并不在于加班时间的"长短",而在于加班的"内容"。

有些人确实可以接受长时间加班,他们"每天都能一直加班到赶末班车的时间"。

但是,这种加班是有前提的,那就是要明确你必须"做什么""为什么去做""做到什么时候"。

"现在我只专注于这一件事。"

"做完这件事就下班。"

即使是同样的加班时长,但掌握了这些要点的人和没有掌握的人,其心理负担是大不相同的。

前面提到的新人自杀的原因,严格来讲,与其说他是"被迫加班 100 个小时",不如说是"因为被强迫做一些看不到目的又看不到终点的杂事,结果加班 100 个小时"。

按理说,如果专注于一件需要集中精力去做的工作,那么新员工的加班时间是不该超过每月 100 个小时的。

那些看不到目的又看不到终点的工作,任谁去做都会很辛苦,更不用说一个完全搞不清楚状况、不能身兼数职的职场新人了,所以一定要注意避免出现这样的情况。

老员工因为自己能够完成多项工作，所以可能也会在无意识中要求新员工完成同样的任务。

明明刚步入职场，如果心理状态和身体状态很快全线崩溃，真是有点得不偿失，因此你要给自己设置一个工作的底线。

你要明白，你只是个职场新人，并不能同时承担多项工作。请你牢记这一点。

而且如果厘清了自己"应该做的事情"，并且集中精力去做那件事的话，你就不需要拼命做无用功了。

虽然你可能担心自己会不会被贴上"无能"的标签，但保护自己的身心健康才是最重要的。

在职场中，也许上司会期待你"打破束缚自己的外壳"。

"打破外壳"这句话给人的印象，是之前蛰伏在"外壳"中的你因为某种契机一下子破壳而出、闪亮登场。

但是，就像贝壳一样，"外壳"本来是用来保护自己的"身体"的。如果破壳而出，就会在瞬间受伤，或者被其他生物捕食。

人也一样，一旦"破壳"，就会变得战战兢兢、畏畏缩缩。

谁都不会希望出现这样的结果。

"打破"了保护自己的东西，说白了就是一种冒险行为。

"外壳"是必须有的，它可以保护你。话虽如此，但如果一直躲在坚硬的外壳里，你将无法获得成长。

因此我认为，外壳其实不应该被"打破"，而应该慢慢"展开"。

寄居蟹会随着自己身体的成长而不断更换新的外壳。

我想象中的人的"外壳"，并非像贝壳那样坚硬的东西，而是如同橡胶一般柔软。虽然说是橡胶，却也不是稍微用力就能撕碎的那种，而是一种厚实的橡胶。

刚步入职场的时候，你还没有任何实力。但是在一心一意钻研工作的过程中，你自身的能力和可能性就会不断增加。

与此同时，包裹着你的柔软"外壳"就会像气球的"球皮"一样慢慢膨胀。

气球膨胀得越大，就会飞得越高。你的实力越强，就能走得越远。

第四章
为了无悔于人生

如果功利心过强,不去脚踏实地地提升自己,反而揠苗助长,那么你的"外壳"会很快破掉,只留下不堪一击的"身体"。

在提高自己"理所应当的标准"的过程中,是不会发生那种"打破外壳后一下子无所不能"的戏剧性变化的。

如果某一天,你好像天降神力,突然之间"技能大爆发",那也不是什么"突然"的事情,而是你在那之前就一直稳步积累的结果。当遇到了合适的时机,你自然就能乘风而上,展现才能。

这就好比气球在充满气之前,是不会飘起来的。

当你"理所应当的标准"得到提升后,要再去逐渐拓展自己的能力和潜力。这样一来,你一定会迎来自己乘风破浪的高光时刻。

39　在跳槽之前应该先考虑的问题

在每天拼命工作的过程中，你会逐渐看清工作、部门的现状，也会看到各种各样的现实问题。在现在的公司里努力工作几年后，为了获得更大的发展平台，跳槽也会是你的一种选择。

现在已经不是终身雇用的时代了，"跳槽"这两个字会很容易浮现在人们的脑海中。

但跳槽是一个很重要的决定。

找新工作、辞职、在新环境里从头开始……所有的事情都要花费很大的精力。如果不能使这一切都顺利进行，那么你就不要轻易跳槽。

那么，怎样才能找到值得跳槽的公司呢？在进行这一步之前，有一些事情希望你先考虑清楚。

究竟是什么让你有了跳槽的念头呢？

"工作没意思。"

第四章
为了无悔于人生

"现在的工作和自己想做的工作有些不一样。"

"在其他地方是不是有更加能发挥我的能力的工作呢?"

如果是因为这样的理由,那还是不要付诸行动比较好。

为什么呢?因为这样就会失去那些"有常识的人"对你的信赖。也就是说,他们会认为你"理所应当的标准"很低。

在公司人员和部门中存在的固有现象暂且不说,在职场中,广泛地吸收各种"常识"是很重要的。但要注意,不要去参考那些对某件事有成见的人的意见。

比如,你最初以为可以做自己想做的事情,所以来到了这家公司就职。但过了一年公司也没派你做想做的工作,这时你产生了辞职的想法。

那么这时,你在决定是否辞职前需要参考一下其他人的意见,看一下其他人会不会觉得"这是很正常的""这是理所应当的"。

你说:"都一年了,到现在都没能做自己想做的工作。"

有人会回答:"辞职最好趁早。趁着你刚毕业还没几年,一些好的企业也会希望聘用你。"

也有人会回答:"才一年就辞职,有点太急了吧。其实每个公司都是那么回事。"

听了他们的回答,你应该会觉得"嗯,也对"吧?

但无论是哪种回答,你其实都不会太满意吧?

因为他们对你的烦恼并不了解,面对你这个刚工作不久就要跳槽的人,他们并不具备足够的知识和经验来给予指导。

即使你想参考一下别人的意见,但如果是与你息息相关的敏感内容,你一定要慎重采纳。

如果想成为一流的职场人,那么你工作时就不应该选择"想做什么",而应该选择"想和什么样的人一起工作"。

因为对你产生巨大影响的并不是工作的内容,而是你周围的人的思考方式。

虽然入职了,但是这家公司内部的气氛非常沉重,大家看上去都没什么士气。你感觉上司、前辈,甚至是高层领导,好像都在往错误的方向发展……

如果你处于这样的环境,那可能跳槽会比较好。

和"理所应当的标准"低的人在一起,你的工作价值就会持续下降。你会与那些不管在哪里工作都能得心应手的人才相去甚远。

因此,不要只是因为工作内容就跳槽,而是要看你身边是什么样的"人"。

就像人们常说"人是团体的关键"一样,无论你是辞职还是跳槽,要先关注和你一起工作的"人",再做决定,才能引领自己走向能获得更多成长的环境。

如果你是迫不得已要跳槽,那么即使需要支付一些费用,你也最好去咨询一下相关专家、职业顾问,因为从他们那里得到的参考因素的"质量",可以说是非常高的。

40 "登峰而上"和"顺流而下"的职业

希望你能成为"独立判断差异的人"。

即便是思考职业生涯,也能判断出其中有哪些"不同"。

在职业规划中,有"职业定位论"和"职业偶发论"。

在确定自己职业目标的基础上,反复进行自我提升,根据自己的意志选择工作环境,这就是"职业定位论"。

由于偶然的机会入职某公司,并通过努力使自己的职业生涯得到较大的发展,这属于"职业偶发论"。

但是这两个说法都很难记,所以本书把它们比喻为"登峰而上"和"顺流而下"。

"登峰而上"的职业规划指"职业定位论",是瞄准山顶,一步一步向上攀登的计划。

"职业偶发论"属于"顺流而下",是一种置身河流,随波逐

第四章
为了无悔于人生

流的计划。

做这种计划的人并不清楚自己想要怎样、想要做什么,所以要依靠运气和"贵人"。

两种类型相比较,也许**"登峰而上"更能发挥你的主动性**。

想停止攀登时,你就可以停止;想攀登其他的山,你也可以顺利切换。

偶尔下山时,你也可以为自己接下来想爬哪座山而烦恼一下。

而"顺流而下"的规划,只要一开始,你就很难再停下来。

这时虽然也需要设计一下"应该怎样顺流而下",但你几乎没有时间停下来去思考这件事,很容易出现"一次定胜负"的情况。

因为不能违逆自然,所以这时你"乘风破浪"的能力将面临考验,即如何既能利用自然的力量,又能不让船只倾覆。

容易被周围意见所左右的人,也许顺其自然会比较好。你要感谢自己遇到的各种人和各种事,在和他们相处的过程中积累经验,也就是"顺流而下"。

有明确的想法、价值观,不被周围的人牵着鼻子走,能够主动去做事情的人，应该选择"登峰而上"。

这里需要注意的是两者的比例。

有调查显示，有八成人是在"顺流而下"的过程中，逐步开始了自己的职业生涯，其余两成人则是走"登峰而上"的道路。

也就是说，大部分人并不是在确立了梦想和人生目标的基础上做出职业选择的，而是凭借"缘分"或"运气"等偶然因素，在自己的工作环境中努力走出了想走的路。

我想，包括你在内，大部分的人都不知道这个情况。

大部分人从年轻时就开始不断思考"自己想做什么样的工作""做什么样的工作才有意义"。

虽然现在也有很多长辈在说："我不知道最近的年轻人在想什么，也不了解他们想做什么、喜欢什么。"

"我经常会遇到没有梦想的年轻人，这在过去是无法想象的。"

但是这些人中的绝大部分，在他们自己年轻时也并没有一个明确的梦想和愿望。

我每年会面向约5 000名中高层管理者进行演讲、举办研讨交流会。

在和他们聊天时,我发现几乎所有人都不是从年轻时就开始希望做现在的工作的。他们回答:

"我以前因为对汽车感兴趣,所以在一家汽车专卖店工作。后来因为种种原因,我现在成了一家纤维公司的管理人员。"

"我在大学学的是化学,机缘巧合到了一家搬家公司工作。这次我打算和朋友一起创业做 IT 风险投资。"

几乎没有人回答说:"我找工作之前就确定了自己想做的工作,后来经过努力实现了梦想,现在也正在从事自己当初想做的工作。"

有八成以上的人都是认准眼前的事情一心一意去做,从中一点点收获了成就感,并且想明白了自己在什么样的工作中可以获得职业自豪感。

因此,会不断问自己"想做什么样的工作""做什么样的工作才有意义",并且陷入痛苦的人,可以先停止这种自问自答。

先让自己顺其自然。

恐怕大多数人在职业规划中都选择了"顺流而下"。无论是"登峰而上"还是"顺流而下"，只要认真去做，你就能收获快乐。

明白这一点后，你"理所应当的标准"就可以进一步完善了。

即使周围的长辈督促你"你要想清楚自己想做的事情是什么，趁年轻好好考虑一下"，你也能毫不犹豫地做出正确的判断。

你能判断出某件事"是不对的"。

有一个词叫作意外惊喜（serendipity），指的是令人惊喜的偶然、意外的发现等。

虽然也有自主去设计职业生涯的人，但顺其自然，在工作中享受一个又一个充满惊喜的偶然，也是一种人生。

如果你总是钻牛角尖，想着"自己就是为那个工作而生的""想和电视上那个人从事相同的工作"，就会很累。

另外，你不必因为自己没有梦想、没有人生目标而感到自卑。

不断进行自我提升，提高你"理所应当的标准"，在职场中积极开拓优秀的人脉吧。

我相信，这是与"意外惊喜"相遇的唯一方法。

结语

"为了别人"就是"为了自己"

我们公司曾经组织过一次参观考察,地点是总部设在日本仙台的"清月记"殡葬服务公司。在那时,我第一次使用了"理所应当的标准"这一说法。我在《日本最珍视的公司3》(ASA 出版)中也介绍了这件事。

可能很多人听说过,在日本"3·11"大地震时,"清月记"公司在自身也受到灾害影响的情况下,挖出了当时已经入棺的约 700 具尸体。这些尸体本来是准备送往火葬场进行火葬的,地震一来,他们一下子就被"土葬"了。该公司把他们挖出来之后进行了清理,又放入新的棺木中送往火葬场。当时那些员工被称为"清月记 10 人队"。

那些尸体的臭味和损伤程度都很严重,不习惯的人看了甚至会晕倒。

在被埋的旧棺木中，水、血液、油脂混在一起，到处都是。

"清月记"的员工把他们抬出来，清理后重新装进新的棺木，送去火葬场。

当时的场景连死者的家属都不忍直视，不得不进行回避。

听了他们长达3个月的艰苦工作的故事，参加考察团的很多企业家，包括我在内都感动得流下了眼泪。

但是，听完他们故事的人，可能任谁都会想："就算'清月记'社长再怎么强调'人类的尊严应该得到维护'，但当时做那些工作的员工到底是怎么想的呢？他们的精神不会崩溃吗？"

但当听众向当事人提问后，对方给出的答案却很简单、朴素。

"当然也会有……还有很多人担心我们患上创伤后应激障碍（PTSD）或被感染等，但那也是我们的工作。"

我原本想象的是，他们被强烈的"使命感"所驱使，心怀人间大义来到现场，一边做着激烈的心理斗争一边进行工作，但实

结　语
"为了别人"就是"为了自己"

际上好像并非如此。

他们简单干脆的回答令人吃惊，甚至有些令人失望。

其实我也在想："虽说是'工作'，但在自己也受灾的情况下，这个公司还要做到那种程度吗？"

但是，对于"清月记"的员工来说，他们觉得"因为这是我的工作，所以我要去做，这很正常"。

当然，如果没有远大的志向，这些工作是不可能完成的。

其实，我认为他们身上是有"使命感"和"心理斗争"的（应该比我想象的还要多），但在那之上，还有他们很高的"理所应当的标准"在起作用。因此，他们才会觉得"因为这是我的工作，所以我要去做，这很正常"。

＊＊＊

在那次参观考察中，我总是最后一个在企业家们面前进行总结。从那时起，我便开始使用"理所应当的标准"这一说法。

"'清月记'的每位员工，无论入职时间长短，大家'理所应当的标准'都很高。我参观过很多企业，你们比其他企业的'理所应当的标准'要高得多。"

在场的企业家们好像也很喜欢"理所应当的标准"这一说法。

大家异口同声地说："正如横山先生所说，决定这个公司发展的并不在于体制和奖励制度，而在于它很高的'理所应当的标准'。这是一个了不起的发现。"

***

我认为每个人在人生的道路上都有两个转折点。

一个是"和谁共度一生"，也就是选择结婚对象的时候。
另一个是"和谁一起工作"，也就是选择工作的时候。

正如本书所写，你要关注的既不是"做什么工作"，也不是"在哪里工作"；既不是工作的内容，也不是公司的知名度。

结 语
"为了别人"就是"为了自己"

你要关注的最重要的关键词就是"人",也就是和"什么人"一起工作。

到一家好公司去工作,比如《日本最珍视的公司》一书中介绍的那种优秀的公司,可能是一件非常困难的事情。

但是,即使不是这样的公司,也还有很多其他公司。他们的员工正在一边认真地做好每一件事,一边慢慢地让自己进步,散发出耀眼的光芒。

有很多人排着队都想进入这样的公司工作。

这就像门前总是在排队的店一样,知道的人自然知道。

而你要重视这种"知道的人自然知道"的感觉。

在今后的时代,你不能被大众媒体报道的信息牵着鼻子走。

如果只是在找工作、换工作的时候才想起来去找这种优秀的公司,你是无法获得与之相遇的机会的。

你要时常保持自己的灵敏度,多多关注相关信息。

* * *

在今后的日本经济中,会切实带来巨大影响的因素是"少子化"。

对于企业来说，比起百分之百完成销售和利润目标，是否能招揽优秀的人才才应该是更加需要关心的问题。

无论哪个时代，都会有一些企业能在5～10年间取得飞跃性发展。

但是任何行业都有兴盛与没落的时刻，即使一时间受到瞩目，也未必能永远持续下去。

为了可持续经营，企业今后需要的既不是先进的事业，也不是公司的品牌影响力。

而是背负着公司未来的优秀人才。

那么，怎样才算是优秀的人才呢？

优秀的人才并不是拥有罕见技能和知识的人，而是"理所应当的标准"高的人。

他们是自己会主动去思考、行动、提议、改善的人。

他们是为了公司，为了客户，为了该地区的人们而奉献自己的辛劳的人——他们拥有着旁观者视角。

他们是无论有多少不利条件都不会自卑，并谦虚地去挑战

结 语
"为了别人"就是"为了自己"

自我的人。

如果有很多优秀人才都想来到你所在的公司,那么这就是个好公司。

若并非如此,就请你提高自己的"理所应当的标准",并为公司带来改变。

一旦习惯了低水平的工作环境,你的工作价值就不会上升,甚至会持续下降。

你的"干劲"和"坦率"也会消失。

如果失去了这两大优点,即使是公司本身有问题,你也不会想要积极地靠自己的努力去改变。

于是,"公司的风气不好又不是我的错,为什么我非得那么拼命"这种价值观,就会成为你"理所应当的标准"。

我希望你的思考方式不要变得消极而扭曲,比如"为什么要我来做?该谁做我不知道,反正肯定不是我"。

你应该坦然地这样去想:"人生路还很长,我要放眼未来。这件事就由我来做吧。我要把主导权握在自己手中,一点一点去推进。"

为了自己的家人。

为了对自己来说很重要的人。

为了和自己一起工作的人。

为了自己的客户。

为了不认识的人。

为了他们去努力吧。时间长了,你的付出总会回馈自身。

"为了别人"就是"为了自己"。

人像这样互相帮助、互相联系,才形成了这个世界。

因此,乐于承担工作吧,多多思考,多多提出建议吧。

这就是"理所应当"。

真心希望本书能帮助你提高"理所应当的标准",帮助你迎来丰富多彩的人生。

横山信弘